有限空间安全作业与监护管理

邓德学　周剑锋　主编

中国环境出版集团·北京

图书在版编目（CIP）数据

有限空间安全作业与监护管理 / 邓德学，周剑锋主编. —北京：中国环境出版集团，2024.1
ISBN 978-7-5111-5795-9

Ⅰ.①有… Ⅱ.①邓… ②周… Ⅲ.①建筑工程—工程施工—安全管理 Ⅳ.①TU714

中国国家版本馆 CIP 数据核字（2024）第 016358 号

出 版 人　武德凯
责任编辑　易　萌
封面设计　彭　杉

出版发行　中国环境出版集团
　　　　　（100062　北京市东城区广渠门内大街 16 号）
　　　　　网　　　址：http://www.cesp.com.cn
　　　　　电子邮箱：bjgl@cesp.com.cn
　　　　　联系电话：010-67112765（编辑管理部）
　　　　　　　　　　010-67112739（第三分社）
　　　　　发行热线：010-67125803，010-67113405（传真）
印　　刷　玖龙（天津）印刷有限公司
经　　销　各地新华书店
版　　次　2024 年 1 月第 1 版
印　　次　2024 年 1 月第 1 次印刷
开　　本　787×1092　1/16
印　　张　10.25
字　　数　232 千字
定　　价　69.00 元

《有限空间安全作业与监护管理》编写组

主　　编：邓德学　周剑锋

副 主 编：曹华东　王　能　冯庆敏　张高飞

主　　审：卿斌文　张俊华

参加编写：曹　斌　段光尧　薛中武　郭翔宇　吴松岭

　　　　　张绍民　王　奕　丁华柱　朱俊成　余金宝

　　　　　邓秀英　陈思庆　张玉乐　郑　敏　韦　华

前　　言

为贯彻落实党中央关于安全生产的决策部署，更好地指导和服务有限空间作业人员、监护人员教育培训工作，提高人员安全防范意识和安全技能，有效防范作业过程安全事故发生，切实保护人民生命安全，编制完成本书。本书紧扣从业人员职业能力需求，结合建设行业改革发展的新形势和新要求，坚持与从业人员的定位相结合、与建设类"双证制"院校的专业设置相融合，力求体现科学性、针对性、实用性。

本书坚持以"职业素质"为基础、以"职业能力"为本位、以"实用易懂"为导向的编写思路，围绕现行国家及地方标准规范、技术指南等，重点对建设行业从业人员的基础知识和能力点进行介绍，帮助读者学习基本的专业知识与技能，具备胜任有限空间安全作业与监护管理工作的能力。

有限空间从业人员分为两类：有限空间作业人员和有限空间监护人员。本书结合职业能力需求和考核大纲要求，共分为两个部分，第一部分基础知识：有限空间作业安全基础知识，相关法律法规和标准，主要危险有害因素辨识与评估，安全防护设备，安全标志、安全色，作业现场消防与安全用电，职业病预防与现场避险自救，相关施工技术；第二部分专业知识：有限空间基本构造、安全管理、安全操作、应急救援、典型案例分析。

本书由卿斌文、张俊华任主审，邓德学、周剑锋任主编，曹华东、王能、冯庆敏、张高飞任副主编。第一章由曹华东、薛中武、余金宝编写，第二章由周剑锋、曹斌、段光尧编写，第三章由冯庆敏、张绍民、王奕编写，第四章由张高飞、郭翔宇、吴松岭编写，第五章由曹华东、薛中武、余金宝编写，第六章由张高飞、郭翔宇、吴松岭编写，第七章由王能、丁华柱、朱俊成编写，第八章由张高飞、陈思庆、张玉乐编写，第九章由王能、丁华柱、朱俊成编写，第十章由邓德学、郑敏、韦华编写，第十一章由冯庆敏、张绍民、王奕编写，第十二章由邓德学、陈思庆、张玉乐、郑敏、韦华编写，第十三章由周剑锋、曹斌、段光尧编写。

本书可作为从业人员岗位培训教材、"双证制"院校教学的参考用书，以及建筑类工程技术人员工作参考书。

随着建筑行业转型升级的逐步推进，本书内容将进行不断修订、补充。在此，恳请参阅本教材的各位同人批评指正，提出宝贵意见，以便不断修正和完善。

限于编写时间之仓促，囿于编者水平，书中难免有不足之处，恳请广大同人和读者批评指正。

编　者

2023 年 12 月

目　　录

第一部分　基础知识

第二部分　专业知识

第一部分　基础知识

第一章 有限空间作业安全基础知识

第一节 有限空间的定义和分类

1. 有限空间的定义和特点

有限空间是指封闭或部分封闭、进出口受限但人员可以进入，未按固定工作场所设计，通风不良，易造成有毒有害、易燃易爆物质积聚或氧含量不足的空间。有限空间一般具备以下特点：

（1）空间有限，与外界相对隔离。有限空间是一个有形的、与外界相对隔离的空间。有限空间既可以是全部封闭的，如各种检查井、反应釜，也可以是部分封闭的，如敞口的污水处理池等（图 1-1）。

（a）全部封闭有限空间　　　　　（b）部分封闭有限空间

图 1-1　污水井

（2）进出口受限或进出不便，但人员能够进入开展有关工作。有限空间限于本身的体积、形状和构造，进出口一般与常规的人员进出通道不同，大多较为狭小，如直径 80 cm 的井口或直径 60 cm 的人孔；或进出口的设置不便于人员进出，如各种敞口池。虽然进出口受限或进出不便，但人员可以进入其中开展工作。如果开口尺寸或空间体积不足以让人进入，则不属于有限空间，如仅设有观察孔的储罐、安装在墙上的配电箱等（图 1-2）。

（3）未按固定工作场所设计，人员只是在必要时进入有限空间进行临时性工作（图 1-3）。有限空间在设计上未按照固定工作场所的相应标准和规范，考虑采光、照明、通风和新风量等要求，建成后内部的气体环境不能确保符合安全要求，人员只是在必要时进入进行临时性工作。

（4）通风不良，易造成有毒有害、易燃易爆物质积聚或氧含量不足。有限空间因封闭或部分封闭、进出口受限且未按固定工作场所设计，内部通风不良，容易造成有毒有害、易燃易爆物质积聚或含氧量不足，产生中毒、燃爆和缺氧风险。

3

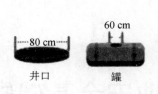

（a）有限空间：直径 80 cm 的井口或直径 60 cm 的人孔　　（b）不属于有限空间：设有观察孔的储罐

图 1-2　有限空间进出口及观察孔储罐

图 1-3　未按固定工作场所设计

2. 有限空间的分类

有限空间分为地下有限空间、地上有限空间和密闭设备 3 类。

（1）地下有限空间，如地下室、地下仓库、地下工程、地下管沟、暗沟、隧道、涵洞、地坑、深基坑、废井、地窖、检查井室、沼气池、化粪池、污水处理池等，如图 1-4 所示。

（a）污水井　　　　　　　（b）地窖　　　　　　　（c）化粪池

（d）电力电缆井　　　（e）深基坑和地下管沟　　　（f）污水处理池

图 1-4　地下有限空间

（2）地上有限空间，如酒糟池、发酵池、腌渍池、纸浆池、粮仓、料仓等，如图 1-5 所示。

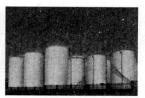

（a）发酵池　　　　　（b）料仓　　　　　（c）粮仓

图 1-5　地上有限空间

（3）密闭设备，如船舱、储（槽）罐、车载槽罐、反应塔（釜）、窑炉、炉膛、烟道、管道及锅炉等，如图 1-6 所示。

（a）储罐　　　　　（b）反应塔　　　　　（c）锅炉

图 1-6　密闭设备

第二节　有限空间作业的定义和分类

有限空间作业，是指人员进入有限空间实施作业。常见的有限空间作业主要有以下几种：

（1）清除、清理作业，如进入污水井进行疏通，进入发酵池进行清理等。

（2）设备设施的安装、更换、维修等作业，如进入地下管沟敷设线缆，进入污水调节池更换设备等。

（3）涂装、防腐、防水、焊接等作业，如在储罐内进行防腐作业，在船舱内进行焊接作业等。

（4）巡查、检修等作业，如进入检查井、热力管沟进行巡检等。

按作业频次划分，有限空间作业可分为经常性作业和偶发性作业：

（1）经常性作业，是指有限空间作业是单位的主要作业类型，作业量大、作业频次高。例如，从事水、电、气、热等市政运行领域施工、运维、巡检等作业的单位，有限空间作业就属于单位的经常性作业。

（2）偶发性作业，是指有限空间作业仅是单位偶尔涉及的作业类型，作业量小、作业频次低。例如，工业生产领域的单位对炉、釜、塔、罐、管道等有限空间进行清洗、维修，餐饮、住宿等单位对污水井、化粪池进行疏通、清掏等有限空间作业就属于单位的偶发性作业。

按作业主体划分，有限空间作业可分为自行作业和发包作业：

（1）自行作业是指由本单位人员实施的有限空间作业。

（2）发包作业是指将作业进行发包，由承包单位实施的有限空间作业。

第三节　有限空间作业主要安全风险

有限空间作业存在的主要安全风险包括中毒、缺氧窒息、燃爆、淹溺、高处坠落、触电、物体打击、机械伤害、灼烫、坍塌、掩埋、高温高湿等。在某些环境下，上述风险可能共存，并具有隐蔽性和突发性。

1. 中毒

有限空间内存在或积聚有毒气体，作业人员吸入后会引起化学性中毒，甚至死亡。有限空间中有毒气体可能的来源包括有限空间内存储的有毒物质的挥发，有机物分解产生的有毒气体，进行焊接、涂装等作业时产生的有毒气体，相连或相近设备、管道中有毒物质的泄漏等。有毒气体主要通过呼吸道进入人体，再经血液循环，对人体的呼吸、神经、血液等系统及肝脏、肺、肾脏等脏器造成严重损伤。引发有限空间作业中毒风险的典型物质有：硫化氢、一氧化碳、苯和苯系物、氰化氢、磷化氢等。

2. 缺氧窒息

空气中氧含量的体积分数约为 20.9%，氧含量低于 19.5% 时就是缺氧。缺氧会对人体多个系统及脏器造成影响，甚至使人丧失生命。空气中氧含量不同，对人体的影响也不同。

有限空间内缺氧主要有两种情形：一是由于生物的呼吸作用或物质的氧化作用，有限空间内的氧气被消耗导致缺氧；二是有限空间内存在二氧化碳、甲烷、氮气、氩气、水蒸气和六氟化硫等单纯性窒息气体，排挤氧空间，使空气中氧含量降低，造成缺氧。引发有限空间作业缺氧风险的典型物质有二氧化碳、甲烷、氮气、氩气等。

3. 燃爆

有限空间中积聚的易燃易爆物质与空气混合形成爆炸性混合物，若混合物浓度达到其爆炸极限，遇明火、化学反应放热、撞击或摩擦火花、电气火花、静电火花等点火源时，就会发生燃爆事故。

有限空间作业中常见的易燃易爆物质有甲烷、氢气等可燃性气体以及铝粉、玉米淀粉、煤粉等可燃性粉尘。

4. 淹溺

在有限空间作业过程中突然涌入大量液体，以及作业人员因发生中毒、窒息、受伤或不慎跌入液体中，都可能造成人员淹溺。发生淹溺后人体常见的表现有面部和全身青紫、烦躁不安、抽筋、呼吸困难、吐带血的泡沫痰、昏迷、意识丧失、呼吸心跳停止。

5. 高处坠落

许多有限空间进出口距底部超过 2 m，一旦作业人员未佩戴有效的防坠落劳动防护用品，在进出有限空间或作业时有发生高处坠落的风险。高处坠落可能导致四肢、躯干、腰椎等部位受冲击而造成重伤致残，或因脑部或内脏损伤而致命。

6. 触电

在有限空间作业过程中使用电钻、电焊等设备可能存在触电的危险。当通过人体的电流超过一定值（感知电流）时，人体就会产生痉挛，不能自主脱离带电体；当通过人体的电流超过 50 mA，人会因呼吸和心脏停止而死亡。

7. 物体打击

有限空间外部或上方物体掉入有限空间内，以及有限空间内部物体掉落，可能对作业人员造成人身伤害。

8. 机械伤害

在有限空间作业过程中可能涉及机械运行，如未实施有效关停，作业人员可能因机械的意外启动而遭受伤害，造成外伤性骨折、出血、休克、昏迷，严重的会直接导致死亡。

9. 灼烫

有限空间内存在的燃烧体、高温物体、化学品（酸、碱及酸碱性物质等）、强光、放射性物质等因素可能造成作业人员烧伤、烫伤和灼伤。

10. 坍塌

有限空间在外力或重力作用下，可能因超过自身强度极限或因结构稳定性破坏而引发坍塌事故。人员被坍塌的结构体掩埋后，会因压迫导致伤亡。

11. 掩埋

当作业人员进入粮仓、料仓等有限空间后，可能因作业人员体重或所携带工具重量导致物料流动而掩埋作业人员，或当作业人员进入时未有效隔离，导致物料的意外注入而将作业人员掩埋。作业人员被物料掩埋后，会因呼吸系统阻塞而窒息死亡，或因压迫、碾压而导致死亡。

12. 高温高湿

作业人员长时间在温度过高、湿度很大的环境中作业，可能会导致人体机能严重下降。高温高湿环境可使作业人员感到热、渴、烦、头晕、心慌、无力、疲倦等，甚至导致人员发生热衰竭、失去知觉或死亡。

第四节 有限空间作业"十不准"与"十必须"

1. 有限空间作业"十不准"（图1-7）

（1）不准未经风险辨识就作业。

（2）不准未经通风和检测合格就作业。

（3）不准未佩戴合格的劳动防护用品就作业。

（4）不准没有监护就作业。

（5）不准使用不符合规定的安全设备、应急装备就作业。

（6）不准未经审批就作业。

（7）不准未确定联络方式及信号就作业。

（8）不准未经培训演练就作业。

（9）不准未检查好应急救援装备就作业。

（10）不准不了解作业方案、作业现场可能存在的危险有害因素、作业安全要求、防控措施及应急处置措施就作业。

2. 有限空间救援"十必须"（图1-8）

（1）事故发生后必须立即停止作业，积极开展自救互救，严禁盲目施救。

（2）必须安全施救，禁止未经培训、未佩戴个体防护装备的人员进入有限空间施救。

（3）作业现场负责人必须及时向本单位报告事故情况，必要时拨打"119""120"电话报警。

（4）救援时须设置警戒区域，严禁无关人员和车辆进入。

（5）救援人员必须正确穿戴个体防护装备开展救援行动。

（6）在有限空间内救援时，必须采取可靠的隔离（隔断）措施。

（7）必须保持持续通风，直至救援行动结束。

（8）必须根据条件安全施救，具备从有限空间外直接施救条件的，救援人员在外部通过安全绳等装备将被困人员迅速移出；不具备从有限空间外直接施救条件的，救援人员进入内部施救。

（9）救援人员必须与外部人员保持有效联络，并保持通信畅通。

（10）必须保护救援人员安全。救援持续时间较长时，应实施轮换救援；出现危险时，救援人员立即撤离危险区域，等待安全后再实施救援。

图 1-7　有限空间作业"十不准"

图 1-8　有限空间救援"十必须"

第二章　相关法律法规和标准

第一节　法律法规

1.《中华人民共和国安全生产法》（2021 年修正）（以下简称《安全生产法》）的有关规定

第三条　安全生产工作坚持中国共产党的领导。

安全生产工作应当以人为本，坚持人民至上、生命至上，把保护人民生命安全摆在首位，树牢安全发展理念，坚持安全第一、预防为主、综合治理的方针，从源头上防范化解重大安全风险。

安全生产工作实行管行业必须管安全、管业务必须管安全、管生产经营必须管安全，强化和落实生产经营单位主体责任与政府监管责任，建立生产经营单位负责、职工参与、政府监管、行业自律和社会监督的机制。

第六条　生产经营单位的从业人员有依法获得安全生产保障的权利，并应当依法履行安全生产方面的义务。

第二十四条　矿山、金属冶炼、建筑施工、道路运输单位和危险物品的生产、经营、储存、装卸单位，应当设置安全生产管理机构或者配备专职安全生产管理人员。

前款规定以外的其他生产经营单位，从业人员超过一百人的，应当设置安全生产管理机构或者配备专职安全生产管理人员；从业人员在一百人以下的，应当配备专职或者兼职的安全生产管理人员。

第三十条　生产经营单位的特种作业人员必须按照国家有关规定经专门的安全作业培训，取得相应资格，方可上岗作业。

特种作业人员的范围由国务院安全生产监督管理部门会同国务院有关部门确定。

第四十四条　生产经营单位应当教育和督促从业人员严格执行本单位的安全生产规章制度和安全操作规程；并向从业人员如实告知作业场所和工作岗位存在的危险因素、防范措施以及事故应急措施。

第四十五条　生产经营单位必须为从业人员提供符合国家标准或者行业标准的劳动防护用品，并监督、教育从业人员按照使用规则佩戴、使用。

第四十七条　生产经营单位应当安排用于配备劳动防护用品、进行安全生产培训的经费。

第四十九条　生产经营单位不得将生产经营项目、场所、设备发包或者出租给不具备安全生产条件或者相应资质的单位或者个人。

生产经营项目、场所发包或者出租给其他单位的，生产经营单位应当与承包单位、承租单位签订专门的安全生产管理协议，或者在承包合同、租赁合同中约定各自的安全生产管理职责；生产经营单位对承包单位、承租单位的安全生产工作统一协调、管理，定期进行安全检查，发现安全问题的，应当及时督促整改。

第五十一条　生产经营单位必须依法参加工伤保险，为从业人员缴纳保险费。

国家鼓励生产经营单位投保安全生产责任保险。

第五十二条　生产经营单位与从业人员订立的劳动合同，应当载明有关保障从业人员劳动安全、防止职业危害的事项，以及依法为从业人员办理工伤保险的事项。

生产经营单位不得以任何形式与从业人员订立协议，免除或者减轻其对从业人员因生产安全事故伤亡依法应承担的责任。

第五十三条　生产经营单位的从业人员有权了解其作业场所和工作岗位存在的危险因素、防范措施及事故应急措施，有权对本单位的安全生产工作提出建议。

第五十四条　从业人员有权对本单位安全生产工作中存在的问题提出批评、检举、控告；有权拒绝违章指挥和强令冒险作业。

生产经营单位不得因从业人员对本单位安全生产工作提出批评、检举、控告或者拒绝违章指挥、强令冒险作业而降低其工资、福利等待遇或者解除与其订立的劳动合同。

第五十五条　从业人员发现直接危及人身安全的紧急情况时，有权停止作业或者在采取可能的应急措施后撤离作业场所。

生产经营单位不得因从业人员在前款紧急情况下停止作业或者采取紧急撤离措施而降低其工资、福利等待遇或者解除与其订立的劳动合同。

第五十六条　生产经营单位发生生产安全事故后，应当及时采取措施救治有关人员。

因生产安全事故受到损害的从业人员，除依法享有工伤保险外，依照有关民事法律尚有获得赔偿的权利的，有权向本单位提出赔偿要求。

第五十七条　从业人员在作业过程中，应当严格落实岗位安全责任，遵守本单位的安全生产规章制度和操作规程，服从管理，正确佩戴和使用劳动防护用品。

第五十八条　从业人员应当接受安全生产教育和培训，掌握本职工作所需的安全生产知识，提高安全生产技能，增强事故预防和应急处理能力。

第五十九条　从业人员发现事故隐患或者其他不安全因素，应当立即向现场安全生产管理人员或者本单位负责人报告；接到报告的人员应当及时予以处理。

2.《中华人民共和国刑法》的有关规定

2021年3月1日，《中华人民共和国刑法修正案（十一）》正式施行，在原《中华人民共和国刑法修正案（十）》第一百三十四条后增加了"危险作业罪"，同时修订了部分条款，提高了事前问责的严重度。

1）危险作业罪及其释义

《中华人民共和国刑法》（以下简称《刑法》）第一百三十四条之一规定，在生产、作业中违反有关安全管理的规定，有下列情形之一，具有发生重大伤亡事故或者其他严重后果的现实危险的，处一年以下有期徒刑、拘役或者管制：……（三）涉及安全生产的事项未经依法批准或者许可，擅自从事矿山开采、金属冶炼、建筑施工，以及危险物品生产、经营、储存等高度危险的生产作业活动的。

> **【释义】**在生产、作业中违反有关安全管理的规定，有下列情形之一，具有发生重大伤亡事故或者其他严重后果的现实危险的，处一年以下有期徒刑、拘役或者管制：
>
> （一）关闭、破坏直接关系生产安全的监控、报警、防护、救生设备、设施，或者篡改、隐瞒、销毁其相关数据、信息的；
>
> （二）因存在重大事故隐患被依法责令停产停业、停止施工、停止使用有关设备、设施、场所或者立即采取排除危险的整改措施，而拒不执行的；
>
> （三）涉及安全生产的事项未经依法批准或者许可，擅自从事矿山开采、金属冶炼、建筑施工，以及危险物品生产、经营、储存等高度危险的生产作业活动的。
>
> 过去我们常见的"关闭""破坏""篡改""隐瞒""销毁"以及"拒不执行""擅自"活动等违法行为，将不再只是行政处罚，或将被追究刑事责任。

2）重大责任事故罪及其释义

《刑法》第一百三十四条规定，在生产、作业中违反有关安全管理的规定，因而发生重大伤亡事故或者造成其他严重后果的，处三年以下有期徒刑或者拘役；情节特别恶劣的，处三年以上七年以下有期徒刑。

> **【释义】**"违反有关安全管理的规定"是指违反有关生产安全的法律、法规、规章制度。具体包括以下三种情形：
>
> （1）国家颁布的各种有关安全生产的法律、法规等规范性文件。
>
> （2）企业、事业单位及其上级管理机关制定的反映安全生产客观规律的各种规章制度，包括工艺技术、生产操作、技术监督、劳动保护、安全管理等方面的规程、规则、章程、条例、办法和制度。
>
> （3）虽无明文规定，但反映生产、科研、设计、施工的安全操作客观规律和要求，在实践中为职工所公认的行之有效的操作习惯和惯例等。

3）强令、组织他人违章冒险作业罪及其释义

《刑法》第一百三十四条规定，在生产、作业中违反有关安全的规定，因而发生重大伤亡事故或者造成其他严重后果的，处三年以下有期徒刑或者拘役；情节特别恶劣的，处三年以上七年以下有期徒刑。

> **【释义】**企业、工厂、矿山等单位的领导者、指挥者、调度者等在明知确实存在危险或者已经违章，工人的人身安全和国家、企业的财产安全没有保证，继续生产会发生严重后果的情况下，仍然不顾相关法律规定，以解雇、减薪以及其他威胁，强行命令或者胁迫下属进行作业，造成重大伤亡事故或者严重财产损失。
>
> 本次修改增加"明知存在重大事故隐患而不排除，仍冒险组织作业"的违法行为，也就是说不用"拒不整改"，有证据证明你"明知"，就可判刑了。

4）重大劳动安全事故罪及其释义

《刑法》第一百三十五条规定，安全生产设施或者安全生产条件不符合国家规定，因而发生重大伤亡事故或者造成其他严重后果的，对直接负责的主管人员和其他直接责任人员，处三年以下有期徒刑或者拘役；情节特别恶劣的，处三年以上七年以下有期徒刑。

> 【释义】"安全生产设施或者安全生产条件不符合国家规定"是指工厂、矿山、林场、建筑企业或者其他企业、事业单位的劳动安全设施不符合国家规定。

5）不报或者谎报事故罪及其释义

《刑法》第一百三十九条之一规定，在安全事故发生后，负有报告职责的人员不报或者谎报事故情况，贻误事故抢救，情节严重的，处三年以下有期徒刑或者拘役；情节特别严重的，处三年以上七年以下有期徒刑。

> 【释义】"负有报告职责的人员"主要指生产经营单位的负责人、实际控制人、负责生产经营管理的投资人以及其他负有报告职责的人员。

3. 其他相关法律法规的有关规定

作为有限空间作业人员和监护人员，除应了解《安全生产法》和《刑法》中有关安全生产的规定外，还应了解《中华人民共和国劳动法》《中华人民共和国劳动合同法》《中华人民共和国职业病防治法》《生产安全事故应急条例》《生产安全事故报告和调查处理条例》《特种作业人员安全技术培训考核管理规定》等国家法律法规和《重庆市安全生产条例》《重庆市建设工程安全生产管理办法》等地方性法律法规。

相关法律法规的具体条文见附件一、附件二。

第二节　管理制度

1.《建筑施工特种作业人员管理规定》的有关内容

第二条　本规定所称建筑施工特种作业人员是指在房屋建筑和市政工程施工活动中，从事可能对本人、他人及周围设备设施的安全造成重大危害作业的人员。

第三条　建筑施工特种作业包括以下几点：

（一）建筑电工；

（二）建筑架子工；

（三）建筑起重信号司索工；

（四）建筑起重机械司机；

（五）建筑起重机械安装拆卸工；

（六）高处作业吊篮安装拆卸工；

（七）经省级以上人民政府建设主管部门认定的其他特种作业。

第四条　建筑施工特种作业人员必须经建设主管部门考核合格，取得建筑施工特种作业人员操作资格证书，方可上岗从事相应作业。

第八条 申请从事建筑施工特种作业的人员，应当具备下列基本条件：

（一）年满 18 周岁且符合相关工种规定的年龄要求；

（二）经医院体检合格且无妨碍从事相应特种作业的疾病和生理缺陷；

（三）初中及以上学历；

（四）符合相应特种作业需要的其他条件。

第十七条 建筑施工特种作业人员应当严格按照安全技术标准、规范和规程进行作业，正确佩戴和使用安全防护用品，并按规定对作业工具和设备进行维护保养。

建筑施工特种作业人员应当参加年度安全教育培训或者继续教育，每年不得少于 24 小时。

第十八条 在施工中发生危及人身安全的紧急情况时，建筑施工特种作业人员有权立即停止作业或者撤离危险区域，并向施工现场专职安全生产管理人员和项目负责人报告。

第十九条 用人单位应当履行下列职责：

（一）与持有效资格证书的特种作业人员订立劳动合同；

（二）制定并落实本单位特种作业安全操作规程和有关安全管理制度；

（三）书面告知特种作业人员违章操作的危害；

（四）向特种作业人员提供齐全、合格的安全防护用品和安全的作业条件；

（五）按规定组织特种作业人员参加年度安全教育培训或者继续教育，培训时间不少于 24 小时；

（六）建立本单位特种作业人员管理档案；

（七）查处特种作业人员违章行为并记录在档；

（八）法律法规及有关规定明确的其他职责。

2.《危险性较大的分部分项工程安全管理规定》的有关内容

第三条 本规定所称危险性较大的分部分项工程（以下简称"危大工程"），是指房屋建筑和市政基础设施工程在施工过程中，容易导致人员群死群伤或者造成重大经济损失的分部分项工程。

第十条 施工单位应当在危大工程施工前组织工程技术人员编制专项施工方案。

实行施工总承包的，专项施工方案应当由施工总承包单位组织编制。危大工程实行分包的，专项施工方案可以由相关专业分包单位组织编制。

第十一条 专项施工方案应当由施工单位技术负责人审核签字、加盖单位公章，并由总监理工程师审查签字、加盖执业印章后方可实施。

危大工程实行分包并由分包单位编制专项施工方案的，专项施工方案应当由总承包单位技术负责人及分包单位技术负责人共同审核签字并加盖单位公章。

第十二条 对于超过一定规模的危大工程，施工单位应当组织召开专家论证会对专项施工方案进行论证。实行施工总承包的，由施工总承包单位组织召开专家论证会。专家论证前专项施工方案应当通过施工单位审核和总监理工程师审查。

专家应当从地方人民政府住房城乡建设主管部门建立的专家库中选取，符合专业要求且人数不得少于5名。与本工程有利害关系的人员不得以专家身份参加专家论证会。

第十四条　施工单位应当在施工现场显著位置公告危大工程名称、施工时间和具体责任人员，并在危险区域设置安全警示标志。

第十五条　专项施工方案实施前，编制人员或者项目技术负责人应当向施工现场管理人员进行方案交底。

施工现场管理人员应当向作业人员进行安全技术交底，并由双方和项目专职安全生产管理人员共同签字确认。

第十六条　施工单位应当严格按照专项施工方案组织施工，不得擅自修改专项施工方案。

因规划调整、设计变更等原因确需调整的，修改后的专项施工方案应当按照本规定重新审核和论证。涉及资金或者工期调整的，建设单位应当按照约定予以调整。

第十七条　施工单位应当对危大工程施工作业人员进行登记，项目负责人应当在施工现场履职。

项目专职安全生产管理人员应当对专项施工方案实施情况进行现场监督，对未按照专项施工方案施工的，应当要求立即整改，并及时报告项目负责人，项目负责人应当及时组织限期整改。

施工单位应当按照规定对危大工程进行施工监测和安全巡视，发现危及人身安全的紧急情况，应当立即组织作业人员撤离危险区域。

第二十条　对于按照规定需要验收的危大工程，施工单位、监理单位应当组织相关人员进行验收。验收合格的，经施工单位项目技术负责人及总监理工程师签字确认后，方可进入下一道工序。

危大工程验收合格后，施工单位应当在施工现场明显位置设置验收标识牌，公示验收时间及责任人员。

第二十二条　危大工程发生险情或者事故时，施工单位应当立即采取应急处置措施，并报告工程所在地住房城乡建设主管部门。建设、勘察、设计、监理等单位应当配合施工单位开展应急抢险工作。

第二十四条　施工单位应当建立危大工程安全管理档案。

施工单位应当将专项施工方案及审核、专家论证、交底、现场检查、验收及整改等相关资料纳入档案管理。

第三十二条　施工单位未按照本规定编制并审核危大工程专项施工方案的，依照《建设工程安全生产管理条例》对单位进行处罚，并暂扣安全生产许可证30日；对直接负责的主管人员和其他直接责任人员处1 000元以上5 000元以下的罚款。

第三十三条　施工单位有下列行为之一的，依照《中华人民共和国安全生产法》《建设工程安全生产管理条例》对单位和相关责任人员进行处罚：

（一）未向施工现场管理人员和作业人员进行方案交底和安全技术交底的；

（二）未在施工现场显著位置公告危大工程，并在危险区域设置安全警示标志的；

（三）项目专职安全生产管理人员未对专项施工方案实施情况进行现场监督的。

第三十四条　施工单位有下列行为之一的，责令限期改正，处1万元以上3万元以下的罚款，并暂扣安全生产许可证30日；对直接负责的主管人员和其他直接责任人员处1 000元以上5 000元以下的罚款：

（一）未对超过一定规模的危大工程专项施工方案进行专家论证的；

（二）未根据专家论证报告对超过一定规模的危大工程专项施工方案进行修改，或者未按照本规定重新组织专家论证的；

（三）未严格按照专项施工方案组织施工，或者擅自修改专项施工方案的。

第三十五条 施工单位有下列行为之一的，责令限期改正，并处1万元以上3万元以下的罚款；对直接负责的主管人员和其他直接责任人员处1 000元以上5 000元以下的罚款：

（一）项目负责人未按照本规定现场履职或者组织限期整改的；

（二）施工单位未按照本规定进行施工检测和安全巡视的；

（三）未按照本规定组织危大工程验收的；

（四）发生险情或者事故时，未采取应急处置措施的；

（五）未按照本规定建立危大工程安全管理档案的。

3.《工伤保险条例》的有关内容

1）企业及职工的权利和义务

第二条 中华人民共和国境内的企业、事业单位、社会团体、民办非企业单位、基金会、律师事务所、会计师事务所等组织和有雇工的个体工商户（以下称用人单位）应当依照本条例规定参加工伤保险，为本单位全部职工或者雇工（以下称职工）缴纳工伤保险费。

中华人民共和国境内的企业、事业单位、社会团体、民办非企业单位、基金会、律师事务所、会计师事务所等组织的职工和个体工商户的雇工，均有依照本条例的规定享受工伤保险待遇的权利。

第四条 用人单位应当将参加工伤保险的有关情况在本单位内公示。

用人单位和职工应当遵守有关安全生产和职业病防治的法律法规，执行安全卫生规程和标准，预防工伤事故发生，避免和减少职业病危害。

职工发生工伤时，用人单位应当采取措施使工伤职工得到及时救治。

第十条 用人单位应当按时缴纳工伤保险费。职工个人不缴纳工伤保险费。

用人单位缴纳工伤保险费的数额为本单位职工工资总额乘以单位缴费费率之积。对难以按照工资总额缴纳工伤保险费的行业，其缴纳工伤保险费的具体方式，由国务院社会保险行政部门规定。

2）工伤认定

第十四条 职工有下列情形之一的，应当认定为工伤：

（一）在工作时间和工作场所内，因工作原因受到事故伤害的；

（二）工作时间前后在工作场所内，从事与工作有关的预备性或者收尾性工作受到事故伤害的；

（三）在工作时间和工作场所内，因履行工作职责受到暴力等意外伤害的；

（四）患职业病的；

（五）因工外出期间，由于工作原因受到伤害或者发生事故下落不明的；

（六）在上下班途中，受到非本人主要责任的交通事故或者城市轨道交通、客运轮渡、火车事故伤害的；

（七）法律、行政法规规定应当认定为工伤的其他情形。

第十五条　职工有下列情形之一的，视同工伤：

（一）在工作时间和工作岗位，突发疾病死亡或者在48小时之内经抢救无效死亡的；

（二）在抢险救灾等维护国家利益、公共利益活动中受到伤害的；

（三）职工原在军队服役，因战、因公负伤致残，已取得革命伤残军人证，到用人单位后旧伤复发的。

职工有前款第（一）项、第（二）项情形的，按照本条例的有关规定享受工伤保险待遇；职工有前款第（三）项情形的，按照本条例的有关规定享受除一次性伤残补助金以外的工伤保险待遇。

第十六条　职工符合工伤和视同工伤的规定，但是有下列情形之一的，不得认定为工伤或者视同工伤：

（一）故意犯罪的；

（二）醉酒或者吸毒的；

（三）自残或者自杀的。

4.《重庆市工伤保险实施办法》的有关内容

第三十一条　工伤职工停工留薪期一般不超过12个月。伤情严重或者情况特殊的，工伤职工或其近亲属应在停工留薪期满前申请延长停工留薪期，经参保地的劳动能力鉴定委员会确认可以适当延长，但延长期限最长不得超过12个月。用人单位、工伤职工或其近亲属对延长停工留薪期确认存在争议的，由用人单位、工伤职工或其近亲属向市劳动能力鉴定委员会申请再次确认。停工留薪期确认及管理的具体办法由市社会保险行政部门制定。

第三十二条　对在进行劳动能力鉴定期间停工留薪期满的工伤职工，停发停工留薪期待遇；如因工伤不能从事工作的，由用人单位按不低于病假待遇的标准支付相关待遇。

第三十三条　工伤职工因日常生活或者就业需要，要求安装、配置辅助器具的，由用人单位或工伤职工根据工伤职工就医定点医疗机构建议，向参保地区县（自治县）劳动能力鉴定委员会申请确认。经确认需要安装、配置的，到工伤保险定点辅助器具配置机构安装、配置，所需费用按照国家和我市有关规定由工伤保险基金支付，具体办法由市社会保险行政部门制定。

第三十四条　职工因工受伤或者被诊断（鉴定）为职业病并认定为工伤的，从受伤之日或诊断（鉴定）为职业病之日起，享受工伤医疗待遇；职工因工致残被鉴定为一至十级伤残的，从生效的劳动能力鉴定结论作出的次月起享受工伤保险待遇；职工因工死亡的，以其死亡当日计算一次性工亡待遇和工亡职工供养亲属年龄，从其死亡的次月起供养亲属享受供养亲属抚恤金待遇。

首次计发一至六级工伤职工伤残津贴金额不得低于本市最低工资标准的最高档次。

第三十五条 职工因工致残被鉴定为一至四级伤残的，保留劳动关系，退出工作岗位；以伤残津贴为基数，按规定缴纳各项社会保险费。具体缴费办法由市社会保险行政部门制定。

第三十六条 五至十级工伤职工本人提出与用人单位解除劳动关系或者用人单位依法解除劳动关系的，或七级至十级工伤职工劳动合同期满用人单位难以安排工作而终止劳动关系的，自与用人单位按规定程序终止劳动关系之日起，与经办机构的工伤保险关系同时终止，由工伤保险基金支付一次性工伤医疗补助金，由用人单位支付一次性伤残就业补助金，计发标准如下：

一次性工伤医疗补助金以解除劳动关系之日的本市上年度职工月平均工资为计发基数，按五级12个月、六级10个月、七级8个月、八级6个月、九级4个月、十级2个月计发。

一次性伤残就业补助金以解除劳动关系之日的本市上年度职工月平均工资为计发基数，按五级60个月、六级48个月、七级15个月、八级12个月、九级9个月、十级6个月计发。终止或解除劳动关系时，工伤职工距法定退休年龄10年以上（含10年）的，一次性伤残就业补助金按全额支付；距法定退休年龄9年以上（含9年）不足10年的，按90%支付；以此类推，每减少1年递减10%。距法定退休年龄不足1年的，按全额的10%支付；达到法定退休年龄的工伤职工，不计发一次性伤残就业补助金。

五至六级工伤职工在本办法实施前已提出解除劳动合同、终止工伤保险关系的，一次性伤残就业补助金按原标准执行；本办法实施后提出解除劳动合同、终止工伤保险关系的，一次性伤残就业补助金按本办法标准执行。

第三十七条 一至四级工伤职工在停工留薪期满后死亡的，其近亲属享受《条例》第三十九条第一款第（一）项、第（二）项规定的工伤保险待遇。工伤职工供养亲属抚恤金以其死亡时享受的伤残津贴或养老保险待遇为基数，按《条例》规定的比例计发。

第三十八条 经复查鉴定，伤残等级及护理程度发生变化的，自作出复查鉴定结论的次月起，以复查鉴定结论为依据享受《条例》和本办法规定的除一次性伤残补助金之外的工伤保险待遇。享受伤残津贴或养老保险待遇的工伤人员，经复查鉴定伤残等级发生变化的，原享受的伤残津贴或养老保险待遇低于同期同等级伤残津贴标准的，从复查鉴定结论作出的次月起，伤残津贴或养老保险待遇调整到同期同等级伤残津贴最低标准。

革命伤残军人解除劳动合同并终止工伤保险关系时，已从工伤保险基金享受过一次性工伤医疗补助金的，不再重复享受。

第三十九条 工伤职工再次发生工伤的，以新发生工伤的劳动能力鉴定等级享受一次性伤残补助金，以综合劳动能力鉴定等级享受除一次性伤残补助金以外的工伤保险待遇。

第四十条 以本市上年度职工月平均工资和全国上年度城镇居民人均可支配收入为基数核定工伤保险待遇时，若上年度标准尚未公布，可暂按上年度标准核算，待上年度标准公布后再重新结算。

第四十一条 伤残津贴、供养亲属抚恤金标准根据职工平均工资和生活费用变化等情况适时调整，由市社会保险行政部门提出调整方案，报市人民政府批准后执行。

生活护理费每年从1月1日起以全市上年度职工月平均工资为基数按规定比例计发。

5.《重庆市房屋建筑和市政基础设施工程有限空间作业施工安全管理规定（试行）》的有关内容

第六条　施工单位对有限空间作业施工安全承担主体责任，应当设置专门的安全管理机构，配备专职安全生产管理人员，健全安全生产保证体系，制定应急救援预案，实施安全生产标准化管理。

有限空间作业由分包单位负责实施的，总承包单位应当加强对分包单位的管理，签订安全生产管理协议，不得发包给不具备相应资质和安全生产条件的单位。

第十条　有限空间作业应明确作业现场负责人、监护人员和作业人员，现场负责人和监护人员可以为同一人，由施工单位项目管理人员担任。不得在没有监护人的情况下作业。

（一）现场负责人职责。填写有限空间作业审批材料，办理作业审批手续；了解掌握整个作业过程中存在的危害因素；对全体作业人员进行安全交底；确认作业环境、作业程序、防护设施、作业人员符合要求；掌握作业现场情况，作业环境和安全防护措施符合要求后许可作业，作业条件不符合安全要求时，终止作业；发生有限空间作业险情、事故时，按要求及时报告和组织现场救援处置。

（二）监护人员职责。接受有限空间作业安全生产培训和安全交底；检查危险源辨识清单、防控措施与现场是否一致，发现落实不到位或措施不完善时，下达暂停或终止作业的指令，并报告现场负责人；持续对有限空间作业进行监护，确保与作业人员进行有效的信息沟通；出现异常情况时，发出撤离指令，并协助人员撤离有限空间；警告并劝离未经许可试图进入有限空间作业区域的人员。

（三）作业人员职责。接受有限空间作业安全生产培训和安全交底；遵守有限空间作业安全操作规程，正确使用有限空间作业安全设施与个人防护用品；服从作业现场负责人安全管理，接受现场安全监督，作业过程中与监护人员保持沟通；出现异常时立即中断作业，撤离有限空间。

第十二条　施工单位应对有限空间作业现场负责人、监护人员、作业人员开展安全教育培训，培训内容包括有限空间存在的危险特性和安全作业的要求；进入有限空间的程序；检测仪器、个人防护用品等设备的正确使用；事故应急救援措施与应急救援预案等。培训应有记录，记载培训的内容、日期等有关情况。

第十三条　有限空间作业实施作业审批制度。施工单位作业现场负责人填写有限空间作业审批表（格式及内容详见附表）（略），报项目经理审核后，报建设单位、监理单位审批。未经批准，任何人不得进入有限空间作业。

第十四条　有限空间作业严格遵循"先通风、再检测、后作业"原则。有限空间作业前，施工单位应根据作业现场和周边环境情况，检测有限空间可能存在的危害因素；检测指标包括氧浓度值、易燃易爆物质（可燃性气体、爆炸性粉尘）浓度值、有毒气体浓度值等。应根据检测结果对作业环境危害状况进行评估，制定消除、控制危害的措施，确保整个作业期间处于安全受控状态。检测结果不合格，严禁人员进入有限空间作业。

第十五条　实施有限空间作业过程中，施工单位应按规定对作业场所中危害因素进行检测。作业人员工作面发生变化时，视为进入新的有限空间，应重新检测后再进入。

应采取强制性持续通风措施降低危险，保持空气流通。严禁用纯氧进行通风换气。

第十六条　施工单位应为作业人员配备符合国家标准要求的通风、检测、照明、通讯、应急救援等设备和个人防护用品。有限空间作业场所手持电动工具、照明工具电压应不大于 24 伏，在积水、结露的有限空间和金属容器中作业，手持电动工具及照明工具电压应不大于 12 伏。有限空间存在瓦斯等易燃易爆气体时，检测、照明、通讯等设备应符合防爆要求。

设备和防护用品应妥善保管，并按规定进行检验、维护，保证设备用品正常运行。

第十七条　呼吸防护用品的选择应符合《呼吸防护用品的选择、使用与维护》（GB/T 18664）的要求。缺氧条件下，应符合《缺氧危险作业安全规程》（GB 8958）的要求。

第十八条　施工单位应对作业区域进行封闭管理，保持出入口畅通，并在有限空间进出口周边显著位置设置安全警示标志和安全告知牌。

第三节　标准规范

1.《缺氧危险作业安全规程》（GB 8958）

有限空间作业人员和监护人员应熟悉现行国家标准《缺氧危险作业安全规程》（GB 8958）的相关内容，该规程是为了更好地保护缺氧作业人员的安全和健康而制定，标准从缺氧危险作业场所分类、一般缺氧危险作业要求与安全防护措施、特殊缺氧危险作业要求与安全防护措施、安全教育与培训、事故应急救援等方面作了相关要求。其中一般缺氧危险作业是指在作业场所中的单纯缺氧危险作业；特殊缺氧危险作业是指在作业场所中同时存在或可能产生其他有害气体的缺氧危险作业。

现行国家标准《缺氧危险作业安全规程》（GB 8958）的具体内容见附件三。

2.《密闭空间作业职业危害防护规范》（GBZ/T 205）

有限空间作业人员和监护人员应熟悉现行国家标准《密闭空间作业职业危害防护规范》（GBZ/T 205）的相关内容，该规范规定了密闭空间作业职业危害防护有关人员的职责、控制措施和技术要求。

现行国家标准《密闭空间作业职业危害防护规范》（GBZ/T 205）的具体内容见附件四。

3.《城镇排水管道维护安全技术规程》（CJJ 6）

有限空间作业人员和监护人员应熟悉现行行业标准《城镇排水管道维护安全技术规程》（CJJ 6）的相关内容该规程适用于城镇排水管道及其附属构筑物的维护安全作业。规程从维护作业、井下作业、防护设备与用品、事故应急救援等方面作了具体要求。

现行行业标准《城镇排水管道维护安全技术规程》（CJJ 6）见附件五。

第三章 主要危险有害因素辨识与评估

第一节 主要危险有害因素种类、主要来源及影响

（一）中毒

1. 有毒物质种类

有限空间中存在大量的有毒物质，人接触后可引起化学性中毒，甚至导致死亡，常见的有毒物质包括硫化氢、一氧化碳、苯系物、磷化氢、氯气、氮氧化物、二氧化硫、氨气、氰气和腈类化合物、易挥发的有机溶剂、极高浓度刺激性气体等。

2. 主要来源

（1）有限空间内存储的有毒化学品残留、泄漏或挥发；

（2）有限空间内物质发生化学反应，产生有毒物质，如有机物分解产生硫化氢；

（3）某些相连或接近的设备或管道的有毒物质渗漏或扩散；

（4）作业过程中引入或产生有毒物质，如焊接、喷漆或使用某些有机溶剂进行清洁。

有限空间中有毒气体可能的来源如图 3-1 所示。

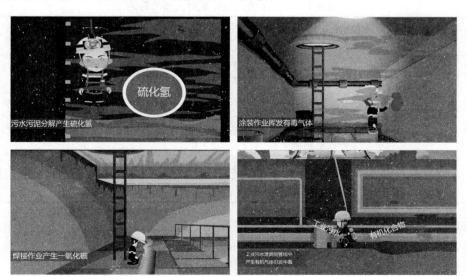

图 3-1 有限空间中有毒气体可能的来源

3. 对人体的影响

有毒物质对人体的影响主要体现在刺激性、化学窒息性及致敏性方面，其主要通过呼吸吸入、皮肤接触进入人体，再经血液循环，对人体的呼吸、神经、血液等系统及肝、肺、肾等脏器造成严重损伤，短时间接触高浓度刺激性有毒物质会引起眼角膜、上呼吸道刺激、中毒性肺炎或肺水肿及心脏、肾等脏器病变接触化学性、窒息性有毒物质会造成细胞缺氧窒息。

4. 典型有毒物质

1）硫化氢（H_2S）

（1）理化性质。

无色，有恶臭味，有毒气体。比空气重，沿地面扩散并易积聚在低洼处。溶于水生成氢硫酸，可溶于乙醇。硫化氢为易燃气体，爆炸极限的浓度范围为 4.0%～46.0%，自燃点 260℃。与空气混合能形成爆炸性混合物，遇明火、高热能引起燃烧爆炸，与浓硝酸、发烟硝酸或其他强氧化剂发生剧烈反应，引起爆炸。

（2）主要来源。

① 排放到有限空间的含有硫化氢的废气、废液；

② 污水管道、化粪池、窨井、纸浆发酵池、污泥处理池、密闭垃圾站、反应釜/塔等有限空间中有机物腐败产生硫化氢；

③ 制造二硫化碳、硫化胺、硫化钠、硫磷、乐果、含硫农药等产品的反应釜中残留有硫化氢。

（3）对人体的影响。

人体对硫化氢的嗅觉感知有很大的个体差异，不同浓度的硫化氢对人体的影响见表 3-1。

表 3-1　不同浓度的硫化氢对人体的影响

气体名称	气体浓度/（mg/m³）	对人体的影响
硫化氢	0.0007～0.2	人对其嗅觉感知的浓度在此范围内波动，远低于引起危害的浓度，因而低浓度的硫化氢能被敏感地发觉
	30～40	其臭味减弱
	75～300	因嗅觉疲劳或嗅神经麻痹而不能觉察硫化氢的存在，接触数小时出现眼和呼吸道刺激症状
	375～750	接触 0.5～1 h 可发生肺水肿，甚至意识丧失，呼吸衰竭
	高于 1 000	数秒钟即发生猝死

硫化氢主要经呼吸道进入人体，遇黏膜表面上的水分很快溶解、产生刺激作用和腐蚀作用，引起眼结膜、角膜和呼吸道黏膜的炎症、肺水肿。硫化氢引发人体急性中毒的症状表现：

① 轻度中毒：轻度中毒者表现为害怕光、流泪、眼刺痛、异物感、流涕、鼻及咽喉

灼热感等症状，此外，还有轻度头昏、头痛、乏力的感觉。

② 中度中毒：中度中毒者表现为立即出现头昏、头痛、乏力、恶心、呕吐、行动和意识短暂迟钝等，同时引起呼吸道黏膜刺激症状和眼刺激症状。

③ 重度中毒：重度中毒者表现为明显的中枢神经系统症状，首先出现头昏、心悸、呼吸困难、行动迟钝，继而出现烦躁、意识模糊、呕吐、腹泻、腹痛和抽搐，迅速进入昏迷状态，最后可因呼吸麻痹而死亡。在接触极高浓度硫化氢时，可发生"电击样"死亡，接触者在数秒钟内突然倒下，呼吸停止。严重中毒者可留有神经、精神后遗症。

现行国家标准《工作场所有害因素职业接触限值 第 1 部分：化学有害因素》（GBZ 2.1）规定硫化氢的最高容许浓度不应超过 10 mg/m³；现行国家标准《呼吸防护用品的选择、使用与维护》（GB/T 18664）中规定硫化氢立即威胁生命或健康的浓度为 430 mg/m³。

2）一氧化碳（CO）

（1）理化性质。

无色无味气体。比重与空气相当，自燃点 610℃。微溶于水，可溶于乙醇、苯、氯仿等多数有机溶剂。易燃易爆气体，与空气混合能形成爆炸性混合物，遇高热、明火能引起燃烧爆炸，爆炸极限的浓度范围为 12.5%～74.2%。

（2）主要来源。

① 在有限空间中含碳物质不完全燃烧会产生一氧化碳；

② 反应釜中生产合成氨、丙酮、光气、甲醇等化学品时产生的副产物中存在一氧化碳；

③ 使用一氧化碳作为燃料；

④ 使用柴油发电机、检查燃气管道、清洗反应釜/塔等会接触到一氧化碳。

（3）对人体的影响。

一氧化碳主要损害神经系统，其引发人体急性中毒的症状表现：

① 轻度中毒：轻度中毒者会出现剧烈头痛、头晕、耳鸣、心悸、恶心、呕吐、无力，轻度至中度意识障碍但无昏迷，血液碳氧血红蛋白浓度可高于 10%；

② 中度中毒：中度中毒者除上述症状外，意识障碍表现为浅度至中度昏迷，但经抢救后恢复且无明显并发症，血液碳氧血红蛋白浓度可高于 30%；

③ 重度中毒：重度中毒者可出现深度昏迷或醒状昏迷、休克、脑水肿、肺水肿、严重心肌损害、呼吸衰竭等，血液碳氧血红蛋白浓度可高于 50%。

现行国家标准《工作场所有害因素职业接触限值 第 1 部分：化学有害因素》（GBZ 2.1）规定一氧化碳在工作场所空气中的时间加权平均容许浓度不能超过 20 mg/m³，短时间接触容许浓度不能超过 30 mg/m³；现行国家标准《呼吸防护用品的选择、使用与维护》（GB/T 18664）中规定一氧化碳立即威胁生命或健康的浓度为 1 700 mg/m³。

3）苯（C₆H₆）

（1）理化性质。

具有特殊芳香气味的无色透明液体。不溶于水，溶于乙醇、乙醚、丙酮等多数有机溶剂。易燃，闪点-11℃，其蒸气与空气混合能形成爆炸性混合气体，遇明火、高热极易燃烧爆炸，爆炸极限的浓度范围为 1.2%～8.0%。与氧化剂能发生强烈反应。易产生和聚集静电，有燃烧爆炸危险。其蒸气比空气密度大，沿地面扩散并易积存于低洼处，遇火源会着火回燃。

（2）主要来源。

① 在反应釜中制作油、脂、橡胶、树脂、油漆、黏结剂和氯丁橡胶等作业时，用苯作为溶剂和稀释剂；

② 制造如苯乙烯、苯酚、顺丁烯二酸酐和许多清洁剂、炸药、化肥、农药和燃料等各种化工产品时，用苯作为原料或辅料；

③ 在地下室、密闭设备内进行涂刷作业，对反应釜/塔进行清洗、维修作业时会接触到苯。

（3）对人体的影响。

苯可引起各种类型的白血病，国际癌症研究中心已确认苯为人类致癌物。苯引发人体中毒的症状表现：

① 急性中毒：轻者出现兴奋、欣快感、步态不稳，以及头晕、头痛、恶心、呕吐、轻度意识模糊等。重者神志模糊加重，由浅昏迷进入深昏迷，甚至呼吸、心跳停止；

② 慢性中毒：慢性中毒多数表现为头痛、头昏、失眠、记忆力衰退，皮肤易出现划痕。慢性苯中毒主要损害造血系统，易感染、易发热、易出血。白细胞计数减少最早和最常见。有限空间作业未见慢性苯中毒。

现行国家标准《工作场所有害因素职业接触限值　第 1 部分：化学有害因素》（GBZ 2.1）规定苯在工作场所空气中的时间加权平均容许浓度不能超过 6 mg/m³，短时间接触容许浓度不能超过 10 mg/m³；现行国家标准《呼吸防护用品的选择、使用与维护》（GB/T 18664）中规定苯的立即威胁生命或健康的浓度为 9 800 mg/m³。

4）甲苯（C_7H_8）、二甲苯（C_8H_{10}）

（1）理化性质。

甲苯、二甲苯都是无色透明、有芬芳气味、略带甜味、易挥发的液体，都不溶于水，溶于苯、乙醇、乙醚、氯仿等多数有机溶剂。甲苯、二甲苯均易燃，其蒸气与空气混合，能形成爆炸性混合物。甲苯闪点为 4℃，爆炸极限为 1.1%～7.0%；1, 2-二甲苯闪点为 16℃，爆炸极限的浓度范围为 0.9%～7.0%；1, 3-二甲苯闪点为 25℃，爆炸极限为 1.1%～7.0%。

（2）主要来源。

① 在反应釜中作为生产甲苯衍生物、炸药、染料中间体、药物等的主要原料；

② 在有限空间进行涂刷作业或反应釜/塔清洗作业时，作为油漆、黏结剂的稀释剂。

（3）对人体的影响。

甲苯、二甲苯主要经呼吸道吸收，有麻醉作用和轻度刺激作用，表现为头晕、头痛、恶心、呕吐、胸闷、四肢无力、步态不稳和意识模糊，严重者出现烦躁、抽搐、昏迷。

现行国家标准《工作场所有害因素职业接触限值　第 1 部分：化学有害因素》（GBZ 2.1）规定甲苯、二甲苯在工作场所空气中的时间加权平均容许浓度不能超过 50 mg/m³，短时间接触容许浓度不能超过 100 mg/m³；现行国家标准《呼吸防护用品的选择、使用与维护》（GB/T 18664）中规定甲苯、二甲苯的立即威胁生命或健康的浓度分别为 7 700 mg/m³ 和 4 400 mg/m³。

5）氯气（Cl₂）

（1）理化性质。

氯气是一种黄绿色、具有刺激性气味的有毒气体，微溶于冷水，溶于碱、氯化物和醇类。氯气的密度比空气略重，在自然通风不良的情况下，会长时间潜藏在低洼的部位。氯气与可燃物混合会发生爆炸。

（2）主要来源。

① 作为重要的化工原料，在反应釜中作为氯化反应的主要原料；

② 作为漂白剂，使用后在有限空间内残留。

（3）对人体的影响。

氯气的毒性很强，远远大于硫化氢气体，发生急性中毒时，轻度者有流泪、咳嗽、咳少量痰、胸闷，出现气管炎和支气管炎的表现；中度中毒可导致支气管肺炎或间质性肺水肿，病人除有上述症状的加重外，还会出现呼吸困难、嘴唇发紫等；重者发生肺水肿、严重窒息、昏迷和休克，可出现气胸、纵隔气肿等并发症。吸入极高浓度的氯气，可引起迷走神经反射性心跳骤停或喉头痉挛而发生"电击样"死亡。眼接触氯气后可引起急性结膜炎，高浓度氯气可能造成角膜损伤。皮肤接触液氯或高浓度氯，在暴露部位可有灼伤感或急性皮炎。

现行国家标准《工作场所有害因素职业接触限值　第 1 部分：化学有害因素》（GBZ 2.1）规定氯的最高容许浓度为 1 mg/m³；现行国家标准《呼吸防护用品的选择、使用与维护》（GB/T 18664）中规定氯的立即威胁生命或健康的浓度为 88 mg/m³。

6）氨气（NH₃）

（1）理化性质。

氨气在常温下是一种无色、较空气轻且有刺激性恶臭的易燃气体。氨气的爆炸极限浓度范围为 15%～28%。氨气易溶于水生成氨水，是一种弱碱性液体。可溶于乙醇、乙醚。

（2）主要来源。

① 在反应釜中作为氨化反应制取铵盐和氮肥的重要原料；

② 经液化后的氨气常作为制冷剂，发生泄漏后会在有限空间内积聚。

（3）对人体的影响。

低浓度氨对黏膜有刺激作用，高浓度氨可造成组织溶解坏死。发生氨气急性中毒时，轻度中毒者会出现流泪、咽痛、声音嘶哑、咳嗽、咳痰等，眼结膜、鼻黏膜、咽部充血、水肿，引发支气管炎。中度中毒者除上述症状加剧外，还会出现呼吸困难、嘴唇发紫，引起肺炎。重度中毒者可发生中毒性肺水肿，呼吸窘迫、昏迷、休克等。高浓度氨可引起反射性呼吸停止。液氨或高浓度氨可致眼灼伤，液氨可致皮肤灼伤。

现行国家标准《工作场所有害因素职业接触限值　第 1 部分：化学有害因素》（GBZ 2.1）规定氨在工作场所空气中的时间加权平均容许浓度不能超过 20 mg/m³，短时间接触容许浓度不能超过 30 mg/m³；现行国家标准《呼吸防护用品的选择、使用与维护》（GB/T 18664）中规定氨的立即威胁生命或健康的浓度为 360 mg/m³。

（二）缺氧窒息

1. 窒息性气体种类

空气中氧含量一般为 21.0% 左右。在有限空间内由于通风不良、生物的呼吸作用或物质的氧化作用，会大量消耗空气内的氧气，使有限空间形成缺氧状态，一旦作业场所空气中的氧含量低于 19.5% 就会有缺氧的危险，可能导致窒息事故发生。另外，有一类是单纯性窒息气体，其本身无毒，比空气重，易在空间底部聚集，此类气体的存在会排挤氧气空间，可能造成环境缺氧，从而导致进入空间作业的人员缺氧窒息。常见的单纯性窒息气体包括二氧化碳、氮气、甲烷、氩气、水蒸气和六氟化硫等。

2. 主要来源

（1）有限空间内长期通风不良，氧含量偏低；
（2）有限空间内存在的物质发生耗氧性化学反应，如燃烧、生物的有氧呼吸等；
（3）较高的氧气消耗速度，如过多人员同时在有限空间内作业；
（4）作业过程中引入单纯性窒息气体挤占氧气空间，如使用氮气、氩气、水蒸气进行清洗；
（5）某些相连或接近的设备或管道的渗漏或扩散，如天然气泄漏。

3. 对人体的危害

氧气是人体赖以生存的重要物质基础，缺氧会对人体的多个系统及脏器造成影响。不同氧含量对人体的影响见表 3-2。

表 3-2　不同氧含量对人体的影响

氧含量 （体积浓度）/%	对人体的影响
14～19.5	体力下降，难以从事重体力劳动，动作协调性降低，易引发冠心病、肺病等
12～14	呼吸加重，频率加快，脉搏加快，动作协调性进一步降低，判断能力下降
10～12	呼吸加重、加快，几乎丧失判断能力，嘴唇发紫
8～10	精神失常，昏迷，失去知觉，呕吐，脸色死灰
6～8	4～5 min 通过治疗可恢复，6 min 后 50% 致命，8 min 后 100% 致命
4～6	40 s 内昏迷、痉挛，呼吸减缓、死亡

4. 导致缺氧的典型物质

1）二氧化碳（CO_2）

（1）理化性质。

二氧化碳别名碳（酸）酐，为无色无味气体，高浓度时略带酸味。比空气重。可溶于水、烃类等多数有机溶剂。水溶剂呈酸性，能被碱性溶液吸收而生成碳酸盐。二氧化碳加压成液态贮存在钢瓶内，放出时可凝结成雪花固体，统称干冰。若遇高热、容器内压增大，有开裂和爆炸的危险。

（2）主要来源。

① 长期不开放的各种矿井、油井、船舱底部及下水道；

② 利用植物发酵制糖、酿酒，用玉米制酒精、丙酮以及制造酵母等生产过程，若发酵桶、发酵池的车间是密闭或隔离的，可能存在较高浓度的二氧化碳；

③ 在不通风的地窖或密闭仓库中储存蔬菜、水果和谷物等，地窖或仓库中可能存在高浓度的二氧化碳；

④ 有限空间作业人数、时间超限，可造成二氧化碳积蓄；

⑤ 化学工业中在反应釜内以二氧化碳作为原料制造碳酸钠、碳酸氢钠、尿素、碳酸氢铵等多种化工产品；

⑥ 轻工生产中制造汽水、啤酒等饮料充装二氧化碳过程可产生大量二氧化碳。

（3）对人体的影响。

二氧化碳是人体进行新陈代谢的最终产物，由呼气排出，本身没有毒性。人在有限空间吸入高浓度二氧化碳时，会在几秒钟内昏迷倒下，反射消失、瞳孔扩大或缩小、大小便失禁、呕吐等，更严重者出现呼吸、心跳停止及休克，甚至死亡。现行国家标准《呼吸防护用品的选择、使用与维护》（GB/T 18664）中规定二氧化碳的立即威胁生命或健康的浓度是 92 000 mg/m³，人在 10 min 以下接触的最高限值为 54 000 mg/m³。

2）氮气（N_2）

（1）理化性质。

氮气为无色无味气体。微溶于水、乙醇。不燃气体。用于合成氨、制硝酸、物质保护剂、冷冻剂等。

（2）主要来源。

由于氮的化学惰性，常用作保护气以防止某些物体暴露于空气时为氧气所氧化，或用作工业上的清洗剂，洗涤储罐、反应杯中的危险有毒物质。

（3）对人体的影响。

吸入氮气浓度不太高时，患者最初感觉胸闷、气短、疲软无力，继而有烦躁不安、极度兴奋、乱跑、叫喊、神情恍惚、步态不稳等症状，称为"氮酩酊"，可进入昏睡或昏迷状态。空气中氮气含量过高，使吸入氧气浓度下降，可引起单纯性缺氧窒息。吸入高浓度氮气，患者可迅速昏迷，因呼吸和心跳停止而死亡。

3）甲烷（CH_4）

（1）理化性质。

甲烷，又称沼气。为无色无味的气体，比空气轻，溶于乙醇、乙醚、苯、甲苯等，微溶于水。甲烷易燃，与空气混合能形成爆炸性混合物，遇热源和明火有燃烧爆炸的危险，爆炸极限浓度范围为 5.0%～15.1%。

（2）主要来源。

① 有限空间内有机物分解产生甲烷；

② 天然气管道泄漏。

（3）对人体的影响。

甲烷对人基本无毒，麻痹作用极弱。但极高浓度时排挤空气中的氧气，使空气中氧含量降低，引起单纯性窒息。当空气中甲烷达 25.0%～30.0%的体积比时，人出现窒息样感觉，如头晕、呼吸加速、心率加快、注意力不集中、乏力和行为失调等。若不及时脱离接触，可致窒息死亡。

甲烷燃烧产物为一氧化碳、二氧化碳，可引起中毒或缺氧。

4）氩气（Ar）

（1）理化性质。

氩气是一种无色无味的惰性气体，比空气重。微溶于水。

（2）主要来源。

氩气是目前工业应用很广的一种稀有气体。它的性质十分不活泼，既不能燃烧，也不助燃。在飞机制造、船舶制造、原子能工业和机械工业领域，焊接特殊金属如铝、镁、铜合金及不锈钢时，往往用氩气作为焊接保护气，防止焊接件被空气氧化或氮化。

（3）对人体的影响。

氩气在常压下无毒。空气中氩浓度增高时，可使氧气含量降低，人会出现呼吸加快、注意力不集中等症状，继而出现疲倦无力、烦躁不安、恶心、呕吐、昏迷、抽搐等症状；在高浓度时导致窒息死亡。液态氩可致皮肤冻伤；眼部接触可引起炎症。

5）六氟化硫（SF_6）

（1）理化性质。

常温下，六氟化硫是一种无色无味的化学惰性气体，比空气重。不燃，无特殊燃爆特性。

（2）主要来源。

六氟化硫由于具有良好的电气强度，已成为除空气外应用最广泛的气体介质。目前，被广泛应用于电力设备作为绝缘和/或灭弧，如六氟化硫断路器、六氟化硫负荷开关设备、六氟化硫封闭式组合电器、六氟化硫绝缘输电管线、六氟化硫变压器及六氟化硫绝缘变电站等。在冷冻工业中主要作为制冷剂，制冷范围在−45℃～0℃。

（3）对人体的影响。

常温下纯品的六氟化硫无毒性，是一种典型的单纯性窒息气体。当吸入高浓度六氟化硫时引起缺氧，有神志不清和死亡危险。现行国家标准《工作场所有害因素职业接触限值　第1部分：化学有害因素》（GBZ 2.1）规定六氟化硫在工作场所空气中的时间加权平均容许浓度不能超过 6 000 mg/m³。

（三）燃爆

1. 易燃易爆物质种类

易燃易爆物质，是指可能引起燃烧、爆炸的气体/蒸气或粉尘。有限空间内可能存在大量易燃易爆气体，如甲烷、天然气、氢气、挥发性有机化合物等。另外，有限空间内存在的碳粒、粮食粉末、纤维、塑料屑及研磨得很细的可燃性粉尘也可能引起燃烧和爆炸。

当有限空间内氧气含量充足，且易燃易爆气体或可燃性粉尘浓度达到爆炸范围时，遇到明火、化学反应放热、热辐射、高温表面、撞击或摩擦发生火花、绝热压缩形成高温点、电气火花、静电放电火花、雷电作用以及直接日光照射或聚焦的日光照射等形式提供的一定能量时，就会发生燃烧或爆炸。常见的易燃易爆物质的爆炸极限见表3-3。

表 3-3　常见的易燃易爆物质的爆炸极限

序号	名称	爆炸下限	爆炸上限
1	甲烷/%	5.0	15.1
2	氢气/%	4.1	75.0
3	苯/%	1.2	8.0
4	甲苯/%	1.1	7.0
5	1,2-二甲苯/%	0.9	7.0
6	1,3-二甲苯/%	1.1	7.0
7	硫化氢/%	4.0	46.0
8	一氧化碳/%	12.5	74.2
9	氰化氢/%	5.6	40.0
10	汽油/%	1.3	7.6
11	铝粉末/（g/m³）	58.0	—
12	木屑/（g/m³）	65.0	—
13	煤末/（g/m³）	114.0	—
14	面粉/（g/m³）	30.2	—
15	硫黄/（g/m³）	35.0	1 400.0

2. 主要来源

（1）有限空间中气体或液体的泄漏和挥发；

（2）有机物分解，如生活垃圾、动植物腐败物分解等产生甲烷；

（3）作业过程中引入的，如使用乙炔气焊接等；

（4）空气中氧气含量超过23.5%时，形成富氧环境，高浓度的氧气会造成易燃易爆物质的爆炸下限降低、上限提高，增加爆炸的可能性，提高可燃性物质的燃烧程度，导致非常严重的火灾危机；

（5）有限空间内储存的易燃粉状物质飞扬，与空气混合形成燃爆混合物。

3. 对人体的危害

燃爆会对作业人员产生非常严重的影响，燃烧产生的高温会引起皮肤和呼吸道烧伤，产生的有毒物质可致中毒，引起脏器或生理系统的损伤；爆炸产生的冲击波会引起冲击伤，产生的物体破片或砂石可能导致破片伤和砂石伤等。

（四）高处坠落

（1）许多有限空间都存在高处作业的情况，一旦操作不慎，容易发生高处坠落危险。

（2）导致高处坠落的原因包括以下几点：

① 作业人员身体素质不适应，如某些疾病、心理因素等，也可能工作时间长，身体疲劳、注意力过度集中、未注意范围变小、麻痹大意，疏于防护，作业中发生失足；

② 安全防护用具不合格或荷载超重；

③ 作业者进行高处作业时未佩戴防护用品；

④ 作业面狭窄，作业人员活动受限，四周悬空，手脚易扑空。

高处坠落可能导致脑部或内脏损伤而致命，或使四肢、躯干、腰椎等部位受冲击而造成重伤致残。

（五）触电

触电是指人体触及或靠近带电体时，成为电路的一部分或形成电弧波、闪击放电的现象。

当通过人体的电流超过一定值时，就会使人产生针刺、灼热、麻痹的感觉。

当电流进一步增大至一定值时，人就会发生抽筋，不能自主脱离带电体；当通过人体的电流超过 50 mA 时，就会使人的呼吸和心脏停止，导致死亡。

（六）机械伤害

机械伤害可能导致人体多部位受伤，如头部、眼部、颈部、胸部、腰部、脊柱、四肢等，造成外伤性骨折、出血、休克、昏迷，甚至死亡。

（七）坍塌

坍塌是指物体在外力或重力作用下，超过自身的强度极限或因结构稳定性破坏而造成的事故。如挖沟时的土石塌方等对人体造成的伤害。

（八）物体打击

物体在重力或其他外力的作用下，因发生运动，打击人体造成人身伤亡事故。如空间外物体掉入有限空间内，对正在作业的作业人员造成伤害。

（九）灼烫

灼烫是指火焰烧伤、高温物体烫伤、化学灼伤（酸、碱、盐、有机物引起的体内外灼伤）、物理灼伤（光、放射性物质引起的体内外灼伤），不包括电灼伤和火灾引起的烧伤。例如暖气管道维修过程中，管道发生泄漏，热水喷出烫伤维修人员。

（十）高温高湿

劳动者若长时间在空气温度过高、湿度很大的环境中作业，人体机能将严重下降。高温高湿环境可使作业人员产生热、头晕、心慌、烦、渴、无力、疲倦等不适感，甚至导致人员发生热衰竭、失去知觉或死亡。如夏季有限空间通风不良，内部环境高温高湿，长时间在内部维修的人员容易受到危害。

第二节　有限空间主要危险有害因素辨识与评估

（一）辨识流程

有限空间危险有害因素辨识流程如图 3-2 所示。

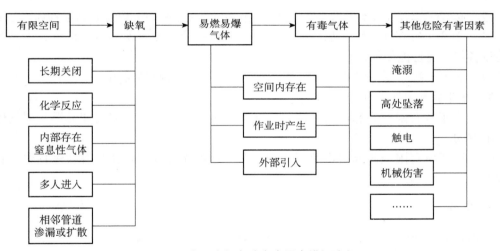

图 3-2　有限空间危险有害因素辨识流程

（二）辨识方法

1. 缺氧窒息

辨识有限空间内是否存在缺氧窒息危害，可从以下几个方面考虑：

（1）必须了解有限空间是否长期关闭，通风不良；

（2）必须了解有限空间内存在的物质是否发生需氧性化学反应，如燃烧、生物的有氧呼吸等；

（3）必须了解作业过程中是否引入单纯性窒息气体挤占氧气空间，如使用氮气、氩气、水蒸气进行清洗；

（4）必须了解空间内氧气消耗速度是否可能过快，如过多人员同时在有限空间内作业；

（5）应当了解与有限空间相连或接近的管道是否会因为渗漏或扩散，导致其他气体进入空间挤占氧气空间。

2. 燃爆

辨识有限空间内是否存在燃爆危害，可从以下几个方面考虑：

1）内部存在的危害辨识

（1）必须了解有限空间内部存储的物质是否易燃易爆，存储的物质是否会挥发易燃易爆的气体积聚于有限空间内部。

（2）必须了解空间内部曾经存储或使用的物质挥发的易燃易爆气体是否可能残留于有限空间内部。

（3）必须了解有限空间内部的管道系统、储罐或桶发生泄漏时，是否可能释放出易燃易爆物质或气体积聚于空间内部。

2）作业时产生的危害辨识

（1）必须了解在有限空间作业过程中使用的物料是否会产生可燃性物质或挥发出易燃易爆气体。

（2）必须了解存在易燃易爆物质的有限空间内是否存在动火作业或高温物体。

（3）必须了解存在易燃易爆物质的有限空间内作业时是否使用带电设备、工具等，这些设备的防爆性能如何。

（4）必须了解存在易燃易爆物质的有限空间内活动是否产生静电。

3）外部引入的危害辨识

（1）应了解有限空间邻近的厂房、工艺管道是否可能由于泄漏而使易燃易爆气体进入有限空间。

（2）应了解有限空间邻近作业产生的火花是否可能飞溅到存在易燃易爆物质的有限空间。

3. 中毒

辨识有限空间内是否存在中毒危害，可从以下几个方面考虑：

1）内部存在的危害辨识

（1）必须了解空间内部存储的物料是否挥发有毒有害气体，或是否由于生物作用或化学反应而释放出有毒有害气体积聚于空间内部，如长期储存的有机物腐败过程中会释放出硫化氢等有毒气体。这些气体长期积聚于通风不良的有限空间内部，可能导致进入该空间的作业人员中毒。

（2）必须了解空间内部曾经存储或使用的物料释放的有毒有害气体，是否可能残留于有限空间内部。

（3）必须了解有限空间内部的管道系统、储罐或桶发生泄漏时，有毒有害气体是否可能进入有限空间。

2）作业时产生的危害辨识

（1）必须了解在有限空间作业过程中使用的物料是否是有毒有害气体，或者挥发出有毒有害气体以及挥发出的气体是否会与空间内本身存在的气体发生反应生成有毒有害气体。

（2）必须了解有限空间内是否进行焊接、使用燃烧引擎等可能导致一氧化碳产生的作业。

3）外部引入的危害辨识

应了解有限空间邻近的厂房、工艺管道是否可能由于泄漏而使有毒有害气体进入有限空间内。

4. 其他危险有害因素

除以上危险有害因素外，淹溺、高处坠落、触电、机械伤害等也是威胁有限空间作业人员生命安全与健康的危险有害因素。在辨识这些危险有害因素时，应从以下几个方面考虑：

（1）有限空间内是否有较深的积水，如下水道、化粪池等；

（2）有限空间内是否进行高于基准面 2 m 的作业；

（3）有限空间内的电动器械、电路是否老化破损，是否可能发生漏电等；

（4）有限空间内的机械设备是否可能意外启动，导致其传动或转动部件直接与人体接触造成作业人员伤害等。

（三）典型有限空间主要危险有害因素

根据有限空间特点，典型有限空间存在的主要危险有害因素见表3-4。

表 3-4　典型有限空间存在的主要危险有害因素

有限空间种类	有限空间名称	主要危险有害因素
地下有限空间	地下室、地下仓库、隧道、地窖	缺氧
	地下工程、地下管道、暗沟、涵洞、地坑、废井、污水池（井）、沼气池、化粪池、下水道	缺氧、硫化氢中毒、可燃性气体爆炸
地上有限空间	储藏室、温室、冷库	缺氧
	酒糟池、发酵池	缺氧、硫化氢中毒、可燃性气体爆炸
	垃圾站	缺氧、硫化氢中毒、可燃性气体爆炸
	粮仓	缺氧、磷化氢中毒、粉尘爆炸
	料仓	缺氧、粉尘爆炸
密闭空间	船舱、储罐、车载槽罐、反应塔（釜）、压力容器	缺氧，一氧化碳中毒，挥发性有机溶剂中毒、爆炸
	冷藏箱、管道	缺氧
	烟道、锅炉	缺氧、一氧化碳中毒

（四）评估和分级标准

通过调查、检测手段确定有限空间存在的危险有害因素后，选定合适的评估标准，判定其危害程度。

1．评估标准

（1）正常情况下，氧含量为 19.5%～23.5%。氧含量低于 19.5%为缺氧环境，存在窒息风险；氧含量高于 23.5%为富氧环境，存在氧中毒风险。

（2）有限空间空气中可燃性气体浓度应不超过爆炸下限的 10%，有限空间内进行动火作业时，空气中可燃气体浓度应不超过爆炸下限的 1%，否则存在爆炸危险。

（3）有毒气体或粉尘浓度应不超过现行国家标准《工作场所有害因素职业接触限值 第 1 部分：化学有害因素》（GBZ 2.1）所规定的限值要求。

（4）其他危险有害因素执行相关标准。

2．作业环境评估分级标准

可根据危险有害程度由高至低，将有限空间作业环境分为 1 级、2 级和 3 级，分级标准如下：

（1）符合下列条件之一的环境为 1 级：

① 氧含量小于 19.5%或大于 23.5%；

② 可燃性气体、蒸气浓度大于爆炸下限（LEL）的 10%；

③ 有毒有害气体、蒸气浓度大于现行国家标准《工作场所有害因素职业接触限值 第 1 部分：化学有害因素》（GBZ 2.1）规定的限值。

（2）氧含量为 19.5%～23.5%，且符合下列条件之一的环境为 2 级：

① 可燃性气体、蒸气浓度大于爆炸下限（LEL）的 5%且不大于爆炸下限（LEL）的 10%；

② 有毒有害气体、蒸气浓度大于现行国家标准《工作场所有害因素职业接触限值 第 1 部分：化学有害因素》（GBZ 2.1）规定限值的 30%且不大于该标准规定的限值；

③ 作业过程中可能缺氧；

④ 作业过程中可燃性或有毒有害气体、蒸气浓度可能突然升高。

（3）符合下列所有条件的环境为 3 级：

① 氧含量为 19.5%～23.5%；

② 可燃性气体、蒸气浓度不大于爆炸下限（LEL）的 5%；

③ 有毒有害气体、蒸气浓度不大于现行国家标准《工作场所有害因素职业接触限值 第 1 部分：化学有害因素》（GBZ 2.1）规定限值的 30%；

④ 作业过程中各种气体、蒸气浓度值保持稳定。

其中，有毒有害气体、蒸气浓度的限值应选取现行国家标准《工作场所有害因素职业接触限值 第 1 部分：化学有害因素》（GBZ 2.1）规定的最高容许浓度或短时间接触容许浓度，无最高容许浓度和短时间接触容许浓度的物质，应选用时间加权平均容许浓度。

第四章 安全防护设备

第一节 气体检测设备

（一）便携式气体检测报警仪的组成和分类

气体检测报警仪是用于检测和报警工作场所空气中氧气、可燃性气体和有毒有害气体浓度或含量的仪器，由探测器和报警控制器组成，当气体含量达到仪器设置的条件时可发出声光报警信号。常用的气体检测报警仪分为固定式、移动式和便携式。便携式气体检测报警仪由于体积小、易于携带、一次性可检测一种或多种有毒有害气体、快速显示数值、数据精确度高、可实现连续检测等优点，成为有限空间作业气体检测设备的首选。以下主要介绍便携式气体检测报警仪。

1. 组成

便携式气体检测报警仪一般由外壳、电源、气体传感器、电子线路、显示屏、报警显示器、计算机接口、必要的附件和配件几大部分组成。常用的有 3 种类型，如图 4-1 所示。

（a）单一式扩散气体检测报警仪　　（b）复合式扩散式气体检测报警仪　　（c）复合式泵吸式气体检测报警仪

图 4-1　便携式气体检测报警仪

1）外壳

便携式气体检测报警仪的外壳除了保证符合安全防爆、防火、防水等基本要求外，还要求能防止跌落、碰撞等物理因素对仪器的损坏。

2）电源

目前，大部分便携式仪器既可以使用充电电池，也可以使用碱性电池对仪器进行供电。各类锂离子电池，特别是充电式锂离子电池已经是各类便携式仪器首选的电源，它具有持续时间长、寿命长、可多次充电等特点。但对于电化学传感器，由于其耗电量极低，干电池更适合。

3）气体传感器

气体传感器是便携式气体检测报警仪的核心部件，其性能是判别一台仪器性能好坏的重要指标之一。它是一种将被测的物理量或化学量转换成与之有确定对应关系的电量输出的装置。目前，市场上普遍使用的传感器包括半导体型、催化燃烧型、电化学型、离子化检测型、热导型、红外线吸收型、顺磁型等。

4）电子线路

电子线路位于仪器内部，关系到仪器的性能和功能的优劣。

5）显示屏

显示屏通常会显示电量、各传感器状态、检测的物质及其检测结果、仪器的故障情况等信息，是了解仪器是否能够正常使用和测定的有毒有害气体浓度的直接窗口。

6）报警显示器

当检测报警仪检测到气体浓度超过预设报警值时，检测报警仪会发出声音，报警显示器有闪光警示。

7）计算机接口

一些检测报警仪设置有计算机接口，可利用该接口将检测仪器检测到的数据传输到计算机进行共享、存储和分析。

8）必要的附件和配件

必要的附件和配件包括充电电池的充电器、保护皮套、携带夹、过滤器、中外文操作手册、快速操作指南等。

2. 分类

市场上的便携式气体检测报警仪种类繁多，主要有以下几类。

1）按检测对象分类

（1）可燃气体检测报警仪：一般采用催化燃烧式、红外式、热导型、半导体式传感器。

（2）有毒气体检测报警仪：一般采用电化学型、半导体型、光离子化式、火焰离子化式传感器。

（3）氧气检测报警仪：一般采用电化学传感器。

2）按配置传感器的数量分类

（1）单一式气体检测报警仪：仪器上仅仅安装一个气体传感器，只能测量单一种类的气体，如甲烷（可燃气体）检测报警仪、硫化氢检测报警仪等。

（2）复合式气体检测报警仪：将多种气体传感器安装在一台检测仪器中，可对多种气体同时检测。

3）按采样方式分类

（1）扩散式检测报警仪：通过气体的自然扩散，气体成分到达检测仪的传感器而达到检测目的的仪器。

（2）泵吸式检测报警仪：通过使用一体化吸气泵或者外置吸气泵，将待测气体吸入检测仪器中进行检测的仪器。

（二）便携式气体检测报警仪工作原理

被测气体以扩散或泵吸的方式进入检测报警仪内，与气体传感器接触后发生物理、化学反应，并将产生的电压、电流、温度等信号转换成与被测气体浓度有确定对应关系的电量输出，经放大、转换、处理后，在显示屏以数字形式显示所测气体的浓度，当浓度达到预设报警值时，仪器自动发出声光报警。图4-2为便携式气体检测报警仪工作原理示意。

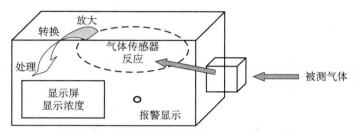

图4-2　便携式气体检测报警仪工作原理示意

（三）便携式气体检测报警仪选择

1. 单一式与复合式

1）单一式气体检测报警仪

单一式气体检测报警仪仅安装一个气体传感器，只能检测某一种气体。如可燃气体检测仪、氧气检测仪、一氧化碳检测仪、硫化氢检测仪、氯气检测仪、氨气检测仪等。

该检测仪适用于有毒有害气体种类相对单一的环境，或作为一种辅助检测的手段。如果在复杂环境中使用，这类仪器往往与其他单一式气体检测报警仪或二合一、三合一等复合式气体检测报警仪配合使用。如硫化氢检测报警仪与氧气/可燃气体检测报警仪配合使用对污水井进行检测。

2）复合式气体检测报警仪

复合式气体检测报警仪通过在一台仪器中集成多个传感器，实现"一机多测""同时读取多种数值"的功能。

此类检测仪适用于对含有2种及以上有毒有害气体的复杂环境的检测，提高了检测效率，因此广泛应用于水、电、气、热、通信等涉及城市运行维护行业的有限空间气体检测以及化工、石化行业的密闭设备气体快速检测等领域，如可检测氧气、可燃气体、硫化氢和一氧化碳的气体检测报警仪，可基本满足对污水井、化粪池、电力井、燃气井、使用氮气吹打过的储罐等有限空间作业场所的检测工作。此外，一些复合式气体检测报警仪的传感器还可根据用户的实际需要进行选配，选择可检测常见有毒有害气体的传感器，提高了检测报警仪的实际利用率。

2. 泵吸式与扩散式

1）泵吸式气体检测报警仪

泵吸式气体检测报警仪是在仪器内安装或外置采气泵，通过采气管将远距离的气体"吸入"检测仪器中进行检测，因此其最大的特点就是能够使检测人员在有限空间外进行检测，最大限度保证生命安全。进入有限空间前的气体检测以及作业过程中进入新作业面之前的气体检测，都应该使用泵吸式气体检测报警仪。泵吸式气体检测报警仪的一个重要部件就是采样泵，目前主要有 3 种类型的采样泵，表 4-1 简要列举了不同形式采样泵的特点。使用泵吸式气体检测报警仪要注意以下 3 点：①为将有限空间内气体抽至检测仪内，采样泵的抽力必须满足仪器对流量的需求；②为保证检测结果准确有效，要为气体采集留有充足的时间；③在实际使用中要考虑随附采气导管长度的增加而产生的吸附和吸收损失，即部分被测气体被采样管材料吸附或吸收而造成浓度降低。

表 4-1　不同形式采样泵的特点

采样泵形式		优点	缺点
内置采样泵		与采样仪一体，携带方便，开机泵体即可工作	耗电量大
外置采样泵	手动采样	无须电力供给，可实现检测仪在扩散式和泵吸式之间转换	采样速度慢；流量不稳定，影响检测结果的准确性
	机械泵采样	可实现检测仪在扩散式和泵吸式之间转换，还可更换不同流量采样泵	

2）扩散式气体检测报警仪

扩散式气体检测报警仪主要依靠空气自然扩散将气体样品带入检测报警仪中与气体传感器接触反应。该检测仪仅能检测仪器周围的气体，可以测量的检测范围局限于一个很小的区域，也就是靠近检测仪器的地方。其优点是将气体样本直接引入气体传感器，能够真实反映环境中气体的自然存在状态，其缺点是无法进行远距离采样。因此，此类气体检测报警仪适合作业人员随身携带进入有限空间，在作业过程中实时检测作业周边气体环境。

一些扩散式气体检测报警仪加装外置采样泵后可转变为泵吸式气体检测报警仪，可根据作业需要灵活转变。

（四）便携式气体检测报警仪使用方法

一般来讲，便携式气体检测报警仪的操作过程应包括以下 4 个阶段：

1. 使用前检查

在现场进行检测前，应对气体检测报警仪进行必要的检查。

（1）选型。根据作业环境需要选择单一、复合、扩散、泵吸等不同类型的气体检测报警仪；如果作业环境是易燃易爆环境，还要选用防爆型气体检测报警仪。所选择的气体检测报警仪可以检测的气体种类应包括氧气和作业环境中可能存在的有毒有害气体种类。

（2）外观检查。检查仪器的外观是否完好无破损，包括防爆外壳、显示屏、按钮、进气口等。确认仪器是否经过计量部门计量并在计量的有效期内。

（3）开机自检。在办公室或远离作业环境等"洁净"空气中开机。绝大多数仪器开启后要经过一个"自检"的过程，在该过程中，还将确认电量、各传感器状态等，如检查仪器电量是否充足。

① 目前，很多仪器在自检的过程中会自动对电量进行检查，有些仪器在电量不足时还会做出提示，若电量不能满足使用需要，应及时充电、更换电池或启用另一台检测报警仪，但不能在易燃易爆环境中更换电池或充电，以防止因摩擦形成静电火花，引发燃爆事故。

② 调零。检测报警仪开机自检过程中，会对各传感器状态进行自检。正常情况下，显示可燃气体及有毒气体浓度的数字为"0"，氧气浓度数字为"20.9"，或在最小分辨率上下波动，仪器可以继续使用；若仪器开机自检显示可燃气体及有毒气体浓度不为"0"或氧气浓度不为"20.9"，且数值波动较大，则需要进行测试调零后才能使用。

气体检测报警仪长期使用或长期搁置后，仪器的"零点"标准可能发生改变，即表现为进入检测仪"调零"模式，仪器显示数值仍无法回到"零点"。此时，则要用已知浓度的标准气体（如无任何有毒有害气体、氧含量为20.9%的标准气体）对检测仪进行标定，调节仪器使得到的稳定读数与标准气体浓度相同，然后移开标准气体，仪器显示值恢复到"0"，即完成了标定工作。

需要说明的是，气体检测报警仪更换检测传感器后除了需要一定的传感器活化时间外，还必须对仪器进行重新校准；在各类气体检测仪器第一次使用之前，一定要用标准气体对仪器进行一次检测，以保证仪器准确有效。

（4）采气管和泵系统的检查。对于泵吸式气体检测报警仪，使用前还要对采气系统进行检查。首先，要检查采气管是否完好，有无被刺穿、割裂的地方，防止采气管的破损造成被测气体浓度稀释，检测结果受到影响。其次，很多加装机械泵的检测报警仪都有泵流量异常报警功能，检查时，堵住入口，如果没有气体泄漏，仪器会发出低流速警报。

2. 现场检测

携带合格的气体检测报警仪到达作业现场进行检测。使用泵吸式气体检测报警仪，将采气管一端与仪器进气门相连，另一端投入到有限空间内，使气体通过采气管进入到仪器中进行检测；使用扩散式气体检测报警仪，被测气体直接通过自然扩散方式进入到仪器中进行检测，被测气体与传感器接触发生相应的反应，产生电信号，转换成为数字信号显示，检测人员读取数值并进行记录。

当检测气体浓度超过设定的预警或报警值时，检测报警仪会同时发出声光报警信号。

3. 关机

检测结束后关闭仪器。需要注意的是，气体检测报警仪在关闭前应置于洁净空气中。待检测仪器内的气体全部反应、读数重新显示为设定的初始数值时才可关闭，否则会影响下次使用。

4. 维护与保养

1）定期检定

根据国家市场监督管理总局发布的《市场监管总局关于发布实施强制管理的计量器具目录的公告》（2019年第48号），有毒有害、易燃易爆气体检测（报警）仪不再属于强制检定的仪器，使用者可自行选择非强制检定或校准的方式，保证量值准确。根据《中华人民共和国计量法》第九条的规定，未列入强制检定目录的工作计量器具，使用单位应当自行定期检定或者送其他计量检定机构检定。因此，单位可根据传感器的使用情况，定期检定，以确保仪器的正常使用，如果对仪器的检测数据有怀疑或仪器更换了主要部件及修理后应及时送检。

2）在检测报警仪的浓度测量范围内使用

各类气体检测报警仪都有其固定的检测范围，即传感器测量的线性范围，只有在其测定范围内使用，才能保证仪器准确地进行测定。检测时，检测值超出气体检测报警仪测量范围，应立即使气体检测报警仪脱离检测环境，在洁净空气中待气体检测报警仪指示为"0"后，方可进行下一次检测。在线性范围之外的检测，其准确度是无法保证的。此外，若长时间在测定范围以外进行检测，还可能对传感器造成永久性的破坏。

例如可燃气体检测报警仪，如果不慎在超过可燃气体爆炸下限的环境中使用，就有可能彻底烧毁传感器。有毒气体检测报警仪长时间工作在较高浓度下，也会造成电解液饱和，造成永久性损坏。所以，一旦便携式气体检测报警仪在使用时发出超限信号（检测报警仪检测的气体浓度超过仪器本身最大测量限度时发出的报警信号），要立即离开现场，以保证人员的安全。

3）在检测报警仪传感器的寿命内使用

各类气体传感器都具有一定的使用年限，即寿命。举例来讲，催化燃烧式可燃气体传感器，一般可以使用3年左右；红外和光离子化检测仪的寿命为3年或更长一些；电化学传感器的寿命相对短一些，一般为1~2年（电化学传感器的寿命取决于其中电解液的干涸，所以如果长时间不用，将其放在较低温度的环境中可以延长一定的使用寿命）；氧气传感器的寿命最短，大概为1年。检测报警仪应在传感器的有效期内使用，一旦失效，需及时更换。

4）清洗

必要时使用柔软而干净的布擦拭仪器外壳，切勿使用溶剂或清洁剂进行清洗。

（五）便携式气体检测报警仪使用注意事项

1. 注意不同传感器检测时可能受到的干扰

一般而言，每种传感器都对应一种特定气体，但任何一种气体检测仪也不可能是绝对特效的。因此，在选择一种气体传感器时，都应当尽可能了解其他气体对该传感器的检测干扰，以保证它对于特定气体的准确检测。例如，一氧化碳传感器对氢气有很大的反应，所以当存在氢气时，就会对一氧化碳的测量造成干扰。再如，氧气含量不足对用催化燃烧传感器测量可燃气浓度会有很大的影响，这也是一种干扰，因此，在测量可燃气体的时候，一定要测量伴随的氧气含量。

2. 报警设置

作为警报设定的参考值包括短时间接触容许浓度（PC-STEL）、最大值（MAC）、时间加权平均容许浓度（PC-TWA）等。实际使用过程中，宜根据检测气体的不同种类，分别设定气体检测报警仪的预警值和报警值，参考如下：

（1）氧气应设定缺氧报警和富氧报警两级检测报警值，缺氧报警值应设定为 19.5%，富氧报警值应设定为 23.5%。

（2）可燃性气体、蒸气应设定预警值和报警值两级检测报警值。可燃气体预警值应为爆炸下限的 5%，报警值应为爆炸下限的 10%。

（3）有毒有害气体应设定预警值和报警值两级检测报警值。有毒有害气体预警值应为现行国家标准《工作场所有害因素职业接触限值　第 1 部分：化学有害因素》（GBZ 2.1）规定的最高容许浓度或短时间接触容许浓度的 30%；无最高容许浓度和短时间接触容许浓度的物质，应为时间加权平均容许浓度的 30%。有毒有害气体报警值应为现行国家标准《工作场所有害因素职业接触限值　第 1 部分：化学有害因素》（GBZ 2.1）规定的最高容许浓度或短时间接触容许浓度；无最高容许浓度和短时间接触容许浓度的物质，应为时间加权平均容许浓度。

另外，有限空间内气体浓度的变化可能很快，有时在很短时间内就会由安全转为危险。例如，在疏通污水管网过程中，被包裹在污泥中的硫化氢会瞬间释放出来，引起硫化氢浓度迅速升高。因此，在设置报警值时还需要考虑以下几个因素：

（1）工作环境到安全地带的距离；

（2）引发警报时有毒有害气体浓度增加的速度；

（3）引发警报时有毒有害气体对作业人员的影响程度。

第二节　呼吸防护用品

（一）呼吸防护用品的分类

1. 呼吸防护方法

1）净气法

净气法又称净化法，是使吸入的气体经过滤料去除污染物质获得较清洁的空气供佩戴者使用的方法。滤料的特性与污染物的成分和物理状态有关。这类呼吸防护用品只能对与所用滤料相适应的特定污染物起防护作用，不能对所有污染物起防护作用，更不能用于缺氧环境。

2）供气法

供气法是指提供一个独立于作业环境的呼吸气源，通过空气导管、软管或佩戴者自身携带的供气（空气或氧气）装置向佩戴者输送呼吸的气体的方法。

2. 与呼吸防护方法对应的呼吸防护用品分类

根据呼吸防护方法，呼吸防护用品可分为过滤式呼吸器和隔绝式呼吸器两大类。呼吸防护用品的分类见表 4-2。呼吸防护用品的类型如图 4-3 所示。

表 4-2　呼吸防护用品的分类

过滤式呼吸器			隔绝式呼吸器			
自吸过滤式		送风过滤式	供气式		携气式	
半面罩	全面罩		正压式	负压式	正压式	负压式

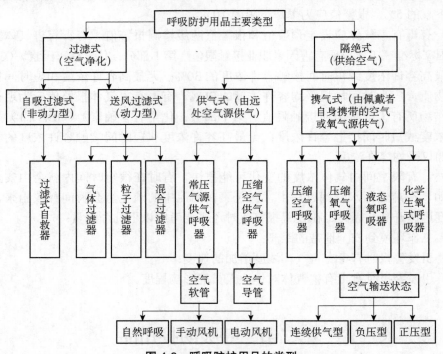

图 4-3　呼吸防护用品的类型

1）隔绝式呼吸防护用品

隔绝式呼吸防护用品能使佩戴者的呼吸器官与作业环境隔绝，靠本身携带的气源或者通过导气管引入作业环境以外的洁净气源供佩戴者呼吸。常见的隔绝式呼吸防护用品有长管呼吸器、正压式空气呼吸器和隔绝式紧急逃生呼吸器。

（1）长管呼吸器。

长管呼吸器主要分为自吸式、连续送风式和高压送风式 3 种。自吸式长管呼吸器依靠佩戴者自主呼吸，克服过滤元件阻力，将清洁的空气吸进面罩内 [图 4-4（a）]；连续送风式长管呼吸器通过风机或空压机供气为佩戴者输送洁净空气 [图 4-4（b）、图 4-4（c）]；

高压送风式长管呼吸器通过压缩空气或高压气瓶供气为佩戴者提供洁净空气［图 4-4（d）］。自吸式长管呼吸器使用时可能存在面罩内气压小于外界气压的情况，此时外部有毒有害气体会进入面罩内，因此有限空间作业时不能使用自吸式长管呼吸器，而应选用符合现行国家标准《呼吸防护　长管呼吸器》（GB 6220）的连续送风式长管呼吸器或高压送风式长管呼吸器。

（a）自吸式长管呼吸器　　（b）电动送风式长管呼吸器　　（c）空压机送风式长管呼吸器　　（d）高压送风式长管呼吸器

图 4-4　长管呼吸器分类

（2）正压式空气呼吸器。

正压式空气呼吸器（图 4-5）是使用者自带压缩空气源的一种正压式隔绝式呼吸防护用品。正压式空气呼吸器使用时间受气瓶气压和使用者呼吸量等因素影响，一般供气时间为 40 min 左右，主要用于应急救援或在危险性较高的作业环境内短时间作业使用，但不能在水下使用。正压式空气呼吸器应符合现行国家标准《自给开路式压缩空气呼吸器》（GB/T 16556）的规定。

（3）隔绝式紧急逃生呼吸器。

隔绝式紧急逃生呼吸器（图 4-6）是在出现意外情况时，帮助作业人员自主逃生使用的隔绝式呼吸防护用品，一般供气时间为 15 min 左右。

图 4-5　正压式空气呼吸器

图 4-6　隔绝式紧急逃生呼吸器

呼吸防护用品使用前应确保其完好、可用。呼吸防护用品使用前检查要点见表 4-3。

呼吸防护用品使用后应定期清洗和消毒，不用时应存放于清洁、干燥、无油污、无阳光直射和无腐蚀性气体的地方。

表 4-3　呼吸防护用品使用前检查要点

检查要点	连续送风式长管呼吸器	高压送风式长管呼吸器	正压式空气呼吸器	隔绝式紧急逃生呼吸器
面罩气密性是否完好	✓	✓	✓	✓
导气管是否破损，气路是否通畅	✓	✓	✓	✓
送风机是否正常送风	✓			
气瓶气压是否不低于 25 MPa 最低工作压力		✓	✓	✓
报警哨是否在（5.5±0.5）MPa 时开始报警并持续发出鸣响		✓	✓	
气瓶是否在检验有效期内		✓	✓	✓

注：根据现行行业规程《气瓶安全技术监察规程》（TSG R0006）的要求，气瓶应每 3 年送至有资质的单位检验 1 次。

2）过滤式呼吸防护用品

过滤式呼吸防护用品能把使用者从作业环境吸入的气体通过净化部件的吸附、吸收、催化或过滤等作用，去除其有害物质后作为气源供使用者呼吸。常见的过滤式呼吸防护用品有防尘口罩和防毒面具等。在选用过滤式呼吸防护用品时应充分考虑其局限性：过滤式呼吸防护用品不能在缺氧环境中使用；现有的过滤元件不能防护全部有毒有害物质；过滤元件容量有限，防护时间会随有毒有害物质浓度的升高而缩短，有毒有害物质浓度过高时甚至可能瞬时穿透过滤元件。鉴于过滤式呼吸防护用品的局限性和有限空间作业的高风险性，作业时不宜使用过滤式呼吸防护用品；若使用必须严格论证，充分考虑有限空间作业环境中有毒有害气体种类和浓度范围，确保所选用的过滤式呼吸防护用品与作业环境中有毒有害气体相匹配，防护能力满足作业安全要求，并在使用过程中加强监护，确保使用人员安全。

（二）呼吸防护用品的选择

1．一般原则

（1）在没有防护的情况下，任何人不应暴露在能够或可能危害健康的空气环境中。

（2）应根据国家的有关职业卫生标准对作业环境进行评价，识别有害环境性质。

（3）应首先考虑采取工程措施控制环境中有害物质浓度。若工程措施因各种原因无法实施，或无法完全消除环境中的有害物质，以及在工程措施未生效期间，在有害环境中作业的，应根据作业环境、作业状况和作业人员特点选择适合的呼吸防护用品。

（4）应选择国家认可的、符合相关标准要求的呼吸防护用品。

（5）呼吸防护用品应根据使用条件进行选择。

（6）若需要使用呼吸防护用品预防有害环境的危害，单位应建立并实施规范的呼吸保护计划。

2. 根据有害环境选择呼吸防护用品

选择呼吸防护用品之前，应首先判定有害环境的性质和危害程度。属于立即威胁生命和健康浓度（IDLH）环境的，应选择 IDLH 环境适用的呼吸防护用品。不属于 IDLH 环境的，应根据国家有关职业卫生标准规定的浓度，计算危害因数，选择指定防护因数大于危害因数的呼吸防护用品；若空气中同时存在多种有害物质，应分别计算每种有害物质的危害因数，取其中最大的数值作为危害因数。

以下环境应判定为 IDLH 环境，除此以外的环境应判定为非 IDLH 环境：

（1）有害环境性质未知。

（2）缺氧，或无法确定是否缺氧。

（3）有害物质浓度未知、达到或超过 IDLH 浓度。

1）IDLH 环境的防护

有害环境属于 IDLH 环境的，可选用的呼吸防护用品有配全面罩的正压式携气式呼吸器；在配备适合的辅助逃生型呼吸器的前提下，配全面罩或送气头罩的正压供气式呼吸器。

2）非 IDLH 环境的防护

非 IDLH 环境的应根据有害气体危害因数，选择指定防护因数大于危害因数的呼吸防护用品。

需要注意的是，部分有害气体 IDLH 浓度较低，达到 IDLH 浓度时危害因数会低于一些不适用于 IDLH 环境的防护用品指定防护因数，此时，必须选择 IDLH 环境适用的呼吸防护用品，而不能根据计算得到的危害因数选择相应指定防护因数的呼吸防护用品。以硫化氢为例：我国职业接触限值标准规定，硫化氢最高容许浓度是 10 mg/m³，当硫化氢达到 IDLH 浓度 430 mg/m³ 时，危害因数为 43，此时，即便配全面罩的硫化氢防毒面具（自吸过滤式呼吸器）指定防护因数为 100，高于危害因数，也不能使用该防毒面具，而必须使用 IDLH 环境适用的呼吸防护用品，如配全面罩的正压式携气式呼吸器。

3. 根据空气中有害物质种类选择呼吸防护用品

隔绝式、过滤式呼吸防护用品均可用于防护有害气体或蒸气、颗粒物，以及颗粒物、有毒气体或蒸气的混合物。但对于没有警示性或警示性很差的有毒气体或蒸气，应优先选择有失效指示器的呼吸防护用品或隔绝式呼吸器。

过滤式呼吸防护用品的过滤元件只针对特定的防护对象起防护作用，因此，选择过滤式呼吸防护用品时应注意其适用范围。

1）对有毒气体和蒸气的防护

应根据有毒气体和蒸气的种类选择适用的过滤元件（滤毒罐或滤毒盒），对现行标准中未包括的过滤元件种类，应根据呼吸防护用品生产厂商提供的使用说明选择。

2）对颗粒物的防护

（1）应根据颗粒物的分散度选择适合的防尘口罩。

（2）若颗粒物为一般性粉尘，应选择过滤效率至少满足现行国家标准《呼吸防护　自吸过滤式防颗粒物呼吸器》（GB 2626）规定的 KN90 级别的防颗粒物呼吸器。

（3）对于挥发性颗粒物的防护，应选择能够同时过滤颗粒物及其挥发气体的呼吸防护用品。

（4）若颗粒物含石棉，应选择可更换式防颗粒物半面罩或全面罩，过滤效率至少满足现行国家标准《呼吸防护　自吸过滤式防颗粒物呼吸器》（GB 2626）规定的 KN95 级别的防颗粒物呼吸器。

（5）若颗粒物为矽尘、金属粉尘（如铅尘、镉尘）、砷尘、烟（如焊接烟），应选择过滤效率至少满足现行国家标准《呼吸防护　自吸过滤式防颗粒物呼吸器》（GB 2626）规定的 KN95 级别的防颗粒物呼吸器。

（6）若颗粒物为液态或具有油性，应选择有适合过滤元件的呼吸防护用品；若颗粒物为致癌性油性颗粒物（如焦炉烟、沥青烟等），则应选择过滤效率至少满足现行国家标准《呼吸防护　自吸过滤式防颗粒物呼吸器》（GB 2626）规定的 KP95 级别的防颗粒物呼吸器。

（7）若颗粒物具有放射性，应选择的呼吸防护用品过滤效率至少满足现行国家标准《呼吸防护　自吸过滤式防颗粒物呼吸器》（GB 2626）规定的 KN100 级别的防颗粒物呼吸器。

同时防护颗粒物、毒气和蒸气应选择有效过滤元件或过滤元件组合。

4. 根据作业状况选择呼吸防护用品

呼吸防护用品的选择除了满足空气中有害物质防护的需要，还应考虑作业状况的不同特点：

（1）若空气污染物同时刺激眼睛或皮肤，或可经皮肤吸收，或对皮肤有腐蚀性，应选择全面罩，同时选择的呼吸防护用品应与其他个人防护用品相兼容。

（2）若有害环境为爆炸性环境，选择的呼吸防护用品应符合相应的防爆要求。若选择携气式呼吸器，只能选择空气呼吸器，不允许选择氧气呼吸器。

（3）作业环境存在高温、低温或高湿，或存在有机溶剂或其他腐蚀性物质时，应选择耐高温、耐低温或耐腐蚀的呼吸防护用品，或选择能够调节温度、湿度的供气式呼吸器。

（4）选择供气式呼吸器时，应注意作业地点与气源间的距离、供气导管对现场其他作业人员的妨碍、供气导管被切断或损坏等问题，并采取相应的预防措施。

（5）若作业强度较大或作业时间较长，应选择呼吸负荷较低的呼吸防护用品。

（6）若有清楚视觉的要求，应选择视野较好的呼吸防护用品；若有语言交流的需要，应选择有适宜通话功能的呼吸防护用品。

（7）若作业中存在可以预见的紧急危险情况，应根据危险的性质选择适用的逃生型呼吸器，或选择适用于 IDLH 环境的呼吸防护用品。

5. 根据作业人员特点选择呼吸防护用品

1）头面部特征

在选择面罩时，应根据脸形大小选择不同型号面罩。同时，应考虑用户的面部特征，若有疤痕、凹陷的太阳穴、非常突出的颧骨、皮肤褶皱、鼻畸形等影响面部与面罩之间的密合性时，应选择与面部特征无关的面罩，如头罩。此外，胡须或过长的头发会影响面罩与面部之间的密合性，使用者应预先刮净胡须，避免将头发夹在面罩与面部皮肤之间。

2）舒适性

应评价作业环境，确定作业人员是否将承受物理因素（如高温）的不良影响，选择能够减轻这种不良影响、佩戴舒适的呼吸防护用品，如选择有降温功能的供气式呼吸防护用品。

3）视力矫正

视力矫正眼镜不应影响呼吸防护用品与面部的密合性。若呼吸防护用品提供使用矫正镜片的结构部件，应选用适合的视力矫正镜片。

4）身体状况

对有心肺系统病史、对狭小空间和呼吸负荷存在严重心理应激反应的人员，应考虑其使用呼吸防护用品的能力。

（三）呼吸防护用品的使用

1．一般原则

（1）任何呼吸防护用品的防护功能都是有限的，使用前应了解所用呼吸防护用品的局限性，并仔细阅读产品使用说明，严格按要求使用。

（2）应对所有使用人员进行呼吸防护用品使用方法培训。对作业场所内必须配备逃生型呼吸防护用品的有关人员，应进行逃生型呼吸防护用品使用方法培训。携气式呼吸防护用品应限于受过专门培训的人员使用。

（3）使用前应检查呼吸防护用品的完整性、面罩的密合性，过滤式呼吸防护用品应检查过滤元件的适用性，携气式呼吸防护用品应检查气瓶气量，供气式呼吸器应检查提供动力的电源电量和运转情况等，符合有关规定才能使用。

（4）进入有害环境前，应先佩戴好呼吸防护用品。供气式呼吸器应先通气后佩戴面罩，防止窒息。

（5）在有害环境作业的人员应始终佩戴呼吸防护用品。

（6）逃生型呼吸器只能用于从危险环境中离开，不允许单独使用其进入有害环境。

（7）当使用中感到异味、咳嗽、刺激、恶心等不适症状时，应立即离开有害环境，并检查呼吸防护用品，确定并排除故障后方可重新进入有害环境；若无故障存在，使用过滤式呼吸防护用品的，应更换失效的过滤元件。

（8）若呼吸防护用品同时使用数个过滤元件，如双过滤盒，应同时更换。

（9）若新过滤元件在某种场合迅速失效，应重新评价所选过滤元件的适用性。

（10）除通用部件外，在未得到产品制造商认可的前提下，不应将不同品牌的呼吸防护装备的部件拼装或组合使用。

（11）所有使用者应定期体检，评价是否适合使用呼吸防护用品。

2. IDLH 环境中呼吸防护用品的使用

在空间允许的情况下，应尽可能由两人同时进入危险环境作业，并配备安全带和救生索；在作业区外应至少留一人，与进入人员保持有效联系，并应配备救生和急救设备。

3. 低温环境下呼吸防护用品的使用

（1）全面罩镜片应具有防雾或防霜的功能。

（2）供气式呼吸防护用品或携气式呼吸防护用品使用的压缩空气或氧气应保持干燥。

（3）使用携气式呼吸防护用品的人员应了解低温环境下的操作注意事项。

4. 过滤式呼吸防护用品过滤元件的更换

1）防毒过滤元件的更换

防毒过滤元件的使用寿命受空气污染物种类及其浓度、使用者的呼吸频率、环境温度和湿度条件等因素影响。一般按照下述方法确定防毒过滤元件的更换时间：

（1）当使用者感觉到空气污染物味道或刺激性时，应立即更换。

（2）对于常规作业，建议根据经验、实验数据或其他客观方法，确定过滤元件更换时间，定期更换。

（3）每次使用后记录使用时间，帮助确定更换时间。

（4）普通有机气体过滤元件对低沸点有机化合物的使用寿命通常会缩短，每次使用后应及时更换；对于其他有机化合物的防护，若两次使用时间相隔数日或数周，重新使用时也应考虑更换。

2）防颗粒物过滤元件的更换

防颗粒物过滤元件的使用寿命受颗粒物浓度、佩戴者呼吸频率、过滤元件规格，以及环境条件的影响。随着颗粒物在过滤元件上的附集，呼吸阻力会逐渐增加以至不能使用。当发生以下情况时，应更换过滤元件：

（1）使用自吸过滤式呼吸防护用品的人员感觉呼吸阻力显著增加时。

（2）使用电动送风过滤式呼吸防护用品的人员确认电池电量正常，但送风量低于规定的最低限值时。

（3）使用手动送风过滤式呼吸防护用品的人员感觉送风阻力明显增加时。

5. 供气式呼吸防护用品的使用

（1）使用前应检查供气气源质量，气源应清洁无污染，并保证氧含量合格。

（2）供气管接头不允许与作业场所其他气体导管接头通用。

（3）应避免供气管与作业现场其他移动物体相互干扰，不允许碾压供气管。

（四）呼吸防护用品的维护

呼吸防护用品的种类较多，要充分发挥各种呼吸防护用品的作用，除了正确选择、使用外，及时维护可重复性使用的呼吸防护用品，保持其原有的功能作用也非常重要。

1. 呼吸防护用品的检查与保养

（1）应由受过培训的人员实施定期检查和维护。

（2）携气式呼吸器使用后应立即更换用完的或部分使用的气瓶或呼吸气体发生器，并更换其他过滤部件。更换气瓶时不允许将空气瓶和氧气瓶互换。

（3）应按国家有关规定，在具有相应压力容器检测资格的机构定期检测空气瓶或氧气瓶。

（4）应使用专用润滑剂润滑高压空气或氧气设备。

（5）不允许使用者自行重新装填过滤式呼吸防护用品滤毒罐或滤毒盒内的过滤材料，也不允许采取任何方法自行延长已经失效的过滤元件的使用寿命。

2. 呼吸防护用品的清洗与消毒

（1）个人专用的呼吸防护用品应定期清洗和消毒，非个人专用的呼吸防护用品每次使用后都应该清洗和消毒。

（2）不允许清洗过滤元件。对可更换过滤元件的过滤式呼吸防护用品，清洗前应将过滤元件取下。

（3）清洗面罩时，应拆卸有关部件，使用软毛刷在温水中清洗，或在温水中加入适量中性洗涤剂清洗，清水冲洗干净后在清洁场所避日风干。

（4）若需使用广谱消毒剂消毒，在选用消毒剂时，特别是需要预防特殊病菌传播的情形，应特别注意消毒剂生产者的使用说明，如稀释比例、温度和消毒时间等。

3. 呼吸防护用品的储存

（1）呼吸防护用品应保存在清洁、干燥、无油污、无阳光直射和无腐蚀性气体的地方。

（2）若呼吸防护用品不经常使用，建议将呼吸防护用品放入密封袋内储存。储存时应避免面罩变形。

（3）防毒过滤元件不应敞口储存。

（4）所有紧急情况和救援使用的呼吸防护用品应保持待用状态，并置于适宜储存、便于管理、取用方便的地方，不得随意变更存放地点。

（五）有限空间常用的呼吸防护用品

有限空间作业和应急救援应当使用正压隔绝式呼吸防护用品。主要使用的呼吸防护用品有连续送风式长管呼吸器、高压送风式长管呼吸器、正压式空气呼吸器和自给开路式压缩空气紧急逃生呼吸器。

1. 连续送风式长管呼吸器

根据前文有限空间主要危险有害因素辨识与评估章节推荐的评估方法，有限空间作业环境评估为 2 级环境的，作业者进入有限空间内实施作业应优先选择电动送风的连续送风式长管呼吸器作为呼吸防护用品。

1）使用方法

（1）检查。

① 面罩应匹配使用者的头面特征，外观完好，密合框无破损，进气阀、呼气阀、头带、视窗等部件完整有效，面罩气密性良好。气密性检查方法：将下颌抵在面罩的下颌罩内，把面罩罩好，用手掌心堵住呼吸阀体进出气口，吸气（若面罩与导气管不能分离，可对折导气管，捏紧导气管，吸气），面罩向内微微塌陷，面罩边缘紧贴面部，屏住呼吸数秒，维持上述状态无漏气即说明密合良好。存在面罩泄漏情况的应调整头带或更换面罩直至气密良好。

② 吸气软管、导气管无孔洞或裂缝，气路畅通。

③ 电动送风装置应能正常运转。

（2）连接。

① 将吸气软管一端与面罩前端螺口对齐、旋紧，另一端与空气调节带或减压阀相连。

② 将导气管一端与空气调节带相连，另一端与供气设备（包括风机、空压机）出气口相连。

③ 连接电源，开启后检查气路是否通畅。

（3）佩戴。

① 背肩带，调整好肩带位置，扣上腰扣，收紧腰带。

② 开启电动风机或空压机电源。

③ 松开面罩的带子，一手持面罩前端，另一手拉住头带，将头带往后拉罩住头顶部（要确保下颌正确位于下颌罩内），调整面罩，使其与面部达到最佳的贴合程度，收紧面罩的头带。

④ 调节空气调节阀，调整供气量。

⑤ 连续深呼吸，应感到呼吸顺畅。

2）注意事项

（1）长管必须经常检查，确保无泄漏，气密性良好。

（2）使用长管式呼吸器必须有专人在现场监护，防止长管被压、被踩、被折弯、被破坏。

（3）长管呼吸器的进风口必须放置在有限空间作业环境之外、空气洁净且氧含量合格的地方，一般选择放置在有限空间出入口的上风侧。

（4）使用空压机作气源时，为保护作业者的安全与健康，空压机的出口应设置空气过滤器，内装活性炭、硅胶、泡沫塑料等，以清除油水和杂质。

2. 高压送风式长管呼吸器

高压送风式长管呼吸器可用于有限空间 2 级环境作业人员的呼吸防护，也可用于有限空间事故应急救援人员的呼吸防护。

1）使用方法

（1）检查。

① 面罩应匹配使用者的头面特征，外观完好，密合框无破损，进气阀、呼气阀、头

带、视窗等部件完整有效，面罩气密性良好。气密性检查方法与连续送风式长管呼吸器面罩气密性检查方法相同。

② 导气管、长管无孔洞或裂缝，气路畅通。

③ 气瓶压力应能满足作业需要，报警装置应能正常报警。

（2）连接。

① 将导气管一端与面罩前端螺口对齐、旋紧，另一端与空气调节带或减压阀相连。

② 长管一端与空气调节带（减压阀）相连，另一端与高压气瓶相连。

（3）佩戴。

① 背肩带，调整好肩带位置，扣上腰扣，收紧腰带。

② 打开气瓶瓶阀。

③ 松开面罩的带子，一手持面罩前端，另一手拉住头带，将头带往后拉罩住头顶部（要确保下颌正确位于下颌罩内），调整面罩，使其与面部达到最佳的贴合程度，收紧面罩的头带。

④ 调节空气调节阀、减压阀，调整供气量。

⑤ 连续深呼吸，应感到呼吸顺畅。

2）注意事项

（1）长管必须经常检查，确保无泄漏，气密性良好。

（2）使用高压送风式长管呼吸器必须有专人在现场监护，一是防止长管被压、被踩、被折弯、被破坏；二是注意观察气瓶压力，当气瓶压力下降至（5.5±0.5）MPa或警报器启动报警时，应及时通知救援人员撤离有限空间。

3. 正压式空气呼吸器

正压式空气呼吸器主要用于有限空间事故应急救援人员的呼吸防护，在有限空间2级作业环境中实施短时间作业，供气时间可满足作业要求的，也可选择该呼吸器作为呼吸防护用品，使用时要注意气瓶压力，保证充足的返回时间。但要注意，正压式空气呼吸器不能在水下使用。此外，其适用温度在−30～60℃，事故环境或作业环境温度超出该范围的也不能使用。

1）使用方法

不同厂家生产的正压式空气呼吸器在供气阀的设计上所遵循的原理是一致的，但外形设计却存在差异。下面以供气阀与面罩可分离的正压式空气呼吸器为例介绍其使用方法：

（1）检查。

① 正压式空气呼吸器整体外观良好，包括背托、系带、导气管、阀体、气瓶、面罩、压力表等。

② 压缩空气瓶经检验合格，并在检验有效期内。

③ 气瓶压力满足作业需要。打开气瓶阀，观察压力，压力表指针指示应位于压力表"绿区"，一般不应低于25 MPa。

④ 报警用的声光设施正常运行。关闭气瓶阀，平缓地按动泄压阀，压力表显示数值逐渐下降，当压力降至（5.5±0.5）MPa时，蜂鸣报警器可发出声响，提醒使用者气压力

不足。当报警哨出现"高报"（压力值未到报警区时开始报警）或"低不报"（压力值到报警区后仍不报警）情况时，应及时维修或更换。

⑤ 面罩气密性良好。气密性检查方法：将下颌抵在面罩的下颌罩内，把面罩罩好，用手掌心堵住呼吸阀体进出气口，吸气（在供气阀与面罩连接完好、气瓶关闭、气路中的空气放空的情况下，也可直接在罩好面罩后深吸一口气），面罩向内微微塌陷，面罩边缘紧贴面部，屏住呼吸数秒，维持上述状态无漏气即说明密合良好。存在面罩泄漏情况的应调整头带或更换面罩直至气密性良好。

（2）佩戴。

① 背起正压式空气呼吸器，使双臂穿在肩带中，气瓶倒置于背部。

② 调整呼吸器上下位置，扣上腰扣，收紧腰带。

③ 松开面罩的带子，一手持面罩前端，另一手拉住头带，将头带往后拉罩住头顶部（要确保下颌正确位于下颌罩内），调整面罩，使其与面部达到最佳的贴合程度。

④ 两手抓住颈带两端往后拉，收紧颈带；两手抓住头带两端往后拉，收紧头带。

⑤ 打开瓶阀。

⑥ 将供气阀与面罩对接，安装供气阀。

⑦ 连续做深呼吸，应感到呼吸顺畅。

2）注意事项

（1）使用者应经过专业培训，熟练掌握正压式空气呼吸器的使用方法及安全注意事项。

（2）正压式空气呼吸器应 2 人协同使用，当 1 人使用时，应制定安全措施，确保佩戴者的安全。

（3）正压式空气呼吸器的气瓶充气应严格按照特种设备安全技术规范《气瓶安全监察规程》（TSG R0006）的规定执行，禁止无充气资质的单位和个人私自充气，气瓶每 3 年应送至有资质的单位检验 1 次。使用过程中发现气瓶有严重腐蚀、损伤，或对其安全可靠性有怀疑时，应提前检验。气瓶库存或停用时间超过 1 个检验周期的，启用前应检验。

（4）正压式空气呼吸器一般供气时间在 40 min 左右，使用时应密切关注气瓶余气量，当气瓶压力达到（5.5±0.5）MPa 或当报警器起鸣时，应立即撤离有毒有害危险作业场所。

（5）充泄阀的开关只能手动，不可使用工具，其阀门转动范围为 1/2 圈。

（6）平时正压式空气呼吸器应由专人负责保管、保养、检查，未经授权的单位和个人不应拆、修正压式空气呼吸器。

4. 自给开路式压缩空气紧急逃生呼吸器

自给开路式压缩空气紧急逃生呼吸器是有限空间常用的紧急逃生呼吸器。作业者进入有限空间 3 级作业环境时，携带自给开路式压缩空气逃生呼吸器，可以在作业环境发生有毒有害气体突出或突然性缺氧等意外情况时，为作业者提供呼吸防护，帮助作业者提高安全逃离有限空间的概率。它可以独立使用，也可以配合其他呼吸防护用品共同使用。

自给开路式压缩空气紧急逃生呼吸器只能用于逃生过程的呼吸防护，不可用于作业过程的呼吸防护。

1）使用方法

（1）检查。

① 自给开路式压缩空气紧急逃生呼吸器整体外观良好，包括背具、导气管、阀体、气瓶、面罩或头罩、压力表等。

② 压缩空气瓶经检验合格，并在检验有效期内。

③ 气瓶压力满足逃生需要。

④ 面罩或头罩气密性良好。配面罩的，面罩气密性检查方法与正压式空气呼吸器面罩气密性检查方法相同。配头罩的，可对头罩开口吹气，堵住开口按压头罩，头罩无漏气，则说明气密性良好。

（2）使用。

作业者应随身携带紧急逃生呼吸器进入有限空间 3 级作业环境，作业中一旦有毒有害气体浓度超标，检测报警仪发出警示，应迅速打开紧急逃生呼吸器。将面罩或头罩完整地遮掩住口、鼻、面部甚至头部，迅速撤离危险环境。

2）注意事项

（1）紧急逃生呼吸器必须随身携带，不可随意放置。

（2）不同的紧急逃生呼吸器，其额定防护时间不同，一般在 15 min 左右，作业人员可根据作业场所与有限空间出口的距离选择。

第三节　防坠落防护用具

（一）防坠落防护用具介绍

有限空间作业常用的防坠落防护用具主要包括全身式安全带［图 4-7（a）］、速差自控器［图 4-7（b）］、安全绳［图 4-7（c）］以及三脚架［图 4-7（d）］等。

(a) 全身式安全带　　(b) 速差自控器（防坠器）　　(c) 安全绳　　(d) 三脚架（挂点装置）

图 4-7　防坠落防护用具

1）全身式安全带

全身式安全带可在坠落者坠落时保持其正常体位，防止坠落者从安全带内滑脱，还能将冲击力平均分散到整个躯干部分，减少对坠落者的身体伤害。全身式安全带应在制造商规定的期限内使用，一般不超过 5 年，如发生坠落事故或有影响安全性能的损伤，则应立即更换；使用环境特别恶劣或使用格外频繁的，应适当缩短全身式安全带的使用期限。

2）速差自控器

速差自控器又称速差器、防坠器等，使用时安装在挂点上，通过装有可伸缩长度的绳（带）串联在系带和挂点之间，在坠落发生时因速度变化引发制动从而对坠落者进行防护。

3）安全绳

安全绳是在安全带中连接系带与挂点的绳（带），一般与缓冲器配合使用，起到吸收冲击能量的作用。

4）三脚架

三脚架作为一种移动式挂点装置广泛用于有限空间作业（垂直方向）中，特别是三脚架与绞盘、速差自控器、安全绳、全身式安全带等配合使用，可用于有限空间作业的坠落防护和事故应急救援。

（二）防坠落防护用具的选择、使用与维护

1. 防坠落防护用具的选择

（1）有限空间作业应选用全身式安全带。

（2）选购的防坠落防护用具应具有质量保证书或有资质的检验机构出具的检验合格报告。安全带属特种劳动防护用品，应具有特种劳动防护用品安全（LA）标识和企业产品生产许可（QS）标识。

（3）应根据作业环境的特性选择相关用具，如具有腐蚀性气体的环境中应使用具有抗腐蚀性能的防坠落防护用具，具有可燃性气体的环境中应使用具有阻燃特性的防坠落防护用具。

（4）应根据使用人的体型、使用人下方的安全空间大小，选择尺寸、规格合适的安全带和安全绳，保证发生坠落时，使用人不会碰撞到任何物体。

（5）应根据同时使用挂点装置的人员数量，选择强度合适的挂点装置。

（6）安全绳（含未打开的缓冲器）不应超过 2 m，不应擅自将安全绳接长使用，如果需要使用 2 m 以上的安全绳应采用自锁器或速差自控器。

2. 防坠落防护用具的检查

使用前应检查安全带、安全绳、速差自控器、挂点装置等防坠落防护用具的外观和功能：

（1）挂点装置部件齐全，金属件应无碎裂、腐蚀等影响挂点装置强度的缺陷。

（2）安全带与身体接触的一面不应有突出物，结构应平滑，织带及配件不应有撕裂、开线、霉变，金属配件不应存在裂纹、腐蚀等影响安全带技术性能的缺陷。

（3）安全绳不应有散丝、断股、霉变或锈蚀，零部件应顺滑无尖角或锋利边缘，安全绳护套应保持完好，若发现护套损坏或脱落，必须加上新护套后再使用。

（4）使用速差自控器的，其安全绳还应该可以独立、自动回收，安全绳出口处不应有尖角或锋利边缘，速差自控器的锁止功能正常。

3. 安全带的使用和维护

1）安全带的使用

全身式安全带的正确穿戴对于坠落防护的效果十分重要。全身式安全带的正确穿戴步骤如图 4-8 所示。

1 捆住安全带的背部 D 形环，抖动安全带，使所有的编织带回到原位。

2 如果胸带、腿带和/或腰带被扣住，需要松开编织带并解开带扣。

3 把肩带套到肩膀上，让 D 形环处于后背两肩中间的位置。

4 从两腿之间拉出腿带，扣好带扣，按同样方法扣好第二根腿带。如果有腰带，要先扣好腿带再扣腰带。

5 扣好胸带并将其固定在胸部中间的位置。拉紧肩带，将多余的肩带穿过带夹来防止松脱。

6 都扣好以后，收紧所有带子，让安全带尽量贴紧身体，但又不会影响活动。将多余的带子穿到带夹中防止松脱。

图 4-8　全身式安全带的正确穿戴步骤

2）安全带使用的注意事项

（1）安全带应拴挂于安全的挂点装置上。

（2）使用安全带时，安全绳与系带不能打结使用，使用连接器时，受力点不应在连接器的活门位置。

（3）不应随意拆除安全带各部件，不应私自更换零部件。

（4）安全带应在制造商规定的期限内使用，一般不超过 5 年，如发生坠落事故，或有影响性能的损伤，则应立即更换。超过使用期限的安全带，如要继续使用，应每半年抽样检验一次，合格后方可继续使用；使用环境特别恶劣或者使用格外频繁的，应适当缩短安全带的使用期限。

（5）安全带的坠落防护用连接器、安全绳不应用于悬吊作业、救援、非自主升降。悬吊作业、救援、非自主升降系统不应和连接器或安全绳共用全身系带的 D 形环（半圆环）。

3）安全带的日常维护

安全带应加强日常维护，以保持其防坠性能。日常维护应注意以下几点：

（1）安全带使用2年后，应每年从同一批次中随机抽取2条，按照现行国家标准《坠落防护安全带》（GB 6095）的规定进行动态力学性能测试和静态力学性能测试，检测不合格的，应停止使用该批次安全带。

（2）如果安全带沾有污渍，应使用清水冲洗或中性洗涤剂清洗，挂在阴凉通风处晾干。

（3）安全带不使用时，应由专人保管。存放时，不应接触高温、明火、强酸、强碱或尖锐物体，不应存放在潮湿的地方。

（4）储存时，应对安全带定期进行外观检查，发现异常必须立即更换，检查频次应根据安全带的使用频率确定。

4. 挂点装置的使用和维护

挂点装置应当具有一定的强度。对于支持单个作业者的坠落制动挂点，至少应能够承受22 kN的坠落制动力，用于连接速差自控器的，挂点的强度应不小于13 kN；或至少应该能够承受坠落制动产生的力的2倍。一般自来水管、电缆槽架、栏杆、窗框、空调支架等达不到这样的强度要求，不适宜作为坠落防护装置的挂点。如不能确认挂点的强度，应请合格的工程技术人员或安全工程师进行核实和测定。

挂点应尽可能设置在作业点的正上方，如果受到场地限制，不能设置在正上方的，最大摆动幅度不应大于45°，而且应确保在摆动情况下不会碰到侧面的障碍物，如图4-9所示，以免造成伤害；挂点的高度应能避免作业人员坠落后不触及其他障碍物，以免造成二次伤害。

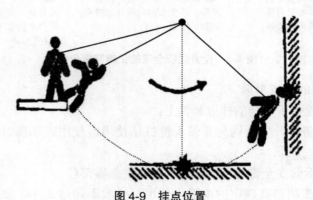

图4-9 挂点位置

地下有限空间作业常使用三脚架作为临时挂点。三脚架应正确安装，放置在有限空间出入口的正上方。安装过程中应注意以下几点：

（1）三脚架的三个支柱分开角度应适当，底脚防滑平面着地，定位链应穿过三脚架支柱底脚的穿孔，相互钩挂、拉紧，必要时，可用钢钎穿过底脚插孔，插入地下，防止支柱向外滑移，保持支架整体平稳。

（2）三脚架调整支柱高度时，应确保内外柱固定插销插紧，并用卡簧插入插销卡簧孔止退；还应注意三脚架支柱的高度应保持一致，防止三脚架倾倒。

（3）防坠制动器应从支柱内侧卡在三脚架任一个内柱上（面对制动器的支柱，制动器摇把在支柱右侧），插紧固定插销，并用卡簧插入插销卡簧孔止退。

三脚架安装完毕后，应随时检查三脚架的稳固性。使用的过程中应注意以下几点：

（1）绞绳在有负载的情况下停止升降时，制动器操作者必须握住摇把手柄，不得松手。

（2）不应无负载放长绞绳，确需放长绞绳的，应有一人逆时针摇动手柄，另一人抽拉绞绳，保持绞绳紧绷；不放长绞绳时，不应随意逆时针转动手柄。

（3）使用中绞绳应保持绷紧。放出的绞绳较长时，应适当加载回绞，并尽量使绞绳在卷筒上有序排列，禁止将绞绳折成死结，否则将损毁绞绳，再次使用时可能引发坠落事故。

三脚架的日常维护和保养应注意以下几点：

（1）三脚架及其相关部件在作业中沾染污物的，应用温水和中性洗涤剂清洗，不推荐使用含酸或碱性的溶剂清洗，清洗后风干，并远离火源和热源。

（2）三脚架应存放在干燥、通风、温度适中的场所，并远离阳光。

第四节　其他防护用品

作业单位应根据有限空间作业环境特点，按照现行国家标准《个体防护装备选用规范》（GB/T 11651）为作业人员配备安全帽［图4-10（a）］、防护服［图4-10（b）］、防护手套［图4-10（c）］、防护眼镜［图4-10（d）］、防护鞋（靴）［图4-10（e）］等个人防护用品。例如，易燃易爆环境，应配备防静电服、防静电鞋；涉水作业环境，应配备防水服、防水胶鞋；有限空间作业时可能接触酸、碱等腐蚀性化学品的，应配备防酸碱防护服、防护鞋（靴）、防护手套等。

　　（a）安全帽　　　（b）防护服　　　（c）防护手套　　　（d）防护眼镜　　　（e）防护鞋（靴）

图4-10　个人防护用品

（一）安全帽

安全帽是防冲击时主要使用的防护用品，主要用来避免或减轻在作业场所发生的高空坠落物、飞溅物体等意外撞击对作业人员头部造成的伤害。有限空间作业场所由于结构受限，作业者在作业过程中可能发生坠落、头部碰撞和物体打击等危险，作业者作业过程中应佩戴安全帽对头部进行防护。

1. 安全帽的结构与分类

安全帽由帽体、帽衬分散条、系带等组成。其结构如图 4-11 所示。

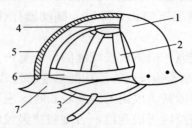

1—帽体；2—帽衬分散条；3—系带；4—帽衬顶带；5—吸收冲击内衬；
6—帽衬环形带；7—帽檐。

图 4-11　安全帽结构

安全帽按性能分为普通型安全帽（P）和特殊型安全帽（T）两类。普通型安全帽具有基本防护性能，特殊型安全帽除具有基本防护性能外，还具备一项或多项特殊性能，如阻燃（Z）、侧向刚性（LD）、耐低温（-30℃）、耐极高温（150℃）、电绝缘（JG 表示测试电压为 2 200 V，JE 表示测试电压为 20 000 V）、防静电（A）、耐熔融金属飞溅（MM）。安全帽的类别信息可在安全帽主体内侧的永久性标识上获得。如一项普通型安全帽标记为安全帽（P）；具有侧向刚性、耐极高温性、电绝缘测试电压为 20 000 V 的安全帽标记为安全帽（TLD+150℃ JE）。

2. 安全帽的选择

实验证明，人体颈椎骨和成人头盖骨在承受小于 4 900 N 的冲击力时，一般不会危及生命，超过此限值，颈椎就会受到伤害，轻者引起瘫痪，重者危及生命。安全帽要起到安全防护的作用，必须能够吸收冲击过程的大部分能量，确保最终作用在人体上的冲击力小于 4 900 N。因此安全帽的选择至关重要。

（1）应使用质检部门检验合格的产品。

（2）根据作业环境选择适宜功能的安全帽。如在易燃易爆环境中作业应选择有抗静电性能的安全帽；作业环境中可能存在短暂接触火焰、短时局部接触高温物体时，应选用具有阻燃性能的安全帽；作业环境中可能接触 400 V 以下三相交流电时应选用具有电绝缘性能的安全帽。

（3）有限空间内光线不足时应选用颜色明亮的安全帽，能见度低时应选用与环境色差较大的安全帽，或在安全帽上增加反光条，以便于被发现。

3. 安全帽的使用及维护

安全帽应按照产品说明进行使用和维护。

（1）安全帽应在产品声明的有效期内使用。

（2）佩戴前应检查安全帽，确保安全帽外观无缺陷，各配件完好无异常、装配牢固，帽衬调节部分插口牢靠、绳带系紧，并将帽衬与帽壳之间的距离调整为25～50 mm。

（3）应根据使用者头围的大小，将安全帽的帽箍长度调节到适宜位置（松紧适度），系紧下颌带，应戴正、戴牢，防止使用中意外脱落。

（4）安全帽不应随意碰撞挤压或用作除佩戴以外的其他用途，如坐压、砸坚硬物体等。

（5）不应在安全帽上随意拆卸、添加附件，或打孔、涂敷油漆、涂料、汽油、溶剂等。

（6）安全帽在使用时受到较大冲击后，无论是否发现帽体有明显的断裂纹或变形，都应停止使用。

（7）安全帽不应储存在有酸碱、有机溶剂、高温（50℃以上）、低温、日晒、潮湿等处，避免重物挤压或尖物碰刺。

（8）帽体与帽衬可用冷水、温水（低于50℃）洗涤，不可放在暖气片、火炉上烘烤，以防帽壳变形。

（二）安全带

安全带（safety harness）是一种个人保护装备，用于在高处、有限空间或其他危险环境中提供保护和支持。下面是关于安全带的结构、分类、选择、使用和维护的信息。

1. 安全带的一般结构

安全带通常由以下部分组成：
（1）腰带：围绕腰部的带状结构，用于分散重量并提供支持。
（2）肩带：围绕肩部的带状结构，用于提供额外的支撑和固定。
（3）腿带：围绕大腿的带状结构，用于增强稳定性和防止滑落。
（4）连接件：用于连接腰带、肩带和腿带的金属环、扣带或绳索。
（5）调节器：用于调整安全带的紧度和适应不同身材的装置。

2. 安全带的分类

安全带根据其设计和用途可以分为多种类型，包括以下几点：
（1）上半身安全带：适用于吊装、高处作业和攀岩等活动。这种安全带通过连接肩部和腰部来提供支撑和保护。
（2）下半身安全带：适用于悬垂作业、工作位固定和索道等活动。这种安全带通过连接腰部和大腿来提供支撑和保护。
（3）全身安全带：结合了上半身和下半身安全带的功能，适用于多种危险环境和作业需求。

3. 安全带的选择

选择合适的安全带需要考虑以下因素：
（1）作业类型：根据具体作业情况选择合适的安全带类型。不同的工作环境和作业要求可能需要不同类型的安全带。如高处作业可能需要上半身安全带，而悬垂作业可能需要下半身安全带。

（2）安全和认证标准：选择符合当地安全和认证标准的安全带。这些标准和认证确保了安全带的设计、材料和性能符合相关要求，并提供了可靠的保护。

（3）尺寸和适应性：选择合适的安全带尺寸和调节。安全带应该能够适应使用者的身体形状和尺寸，并提供正确的紧固和支撑。确保安全带能够被正确调整和贴合身体，以提供最佳的安全性和舒适性。

（4）质量和耐用性：选择质量可靠的安全带。优质的安全带通常采用耐用的材料和坚固的构造，能够经受长时间和重复使用的考验。

4. 安全带的使用原则

正确使用安全带是确保安全的关键。以下是一些使用安全带的重要注意事项：

（1）穿戴正确：确保安全带正确穿戴在身体上，即腰带围绕腰部、肩带围绕肩部、腿带围绕大腿。

（2）紧固牢固：确保所有连接件和调节器正确连接和紧固，以确保安全带的稳定性和安全性。

（3）定期检查：在使用前，仔细检查安全带的磨损、损坏或失效部分。如果发现任何问题，应替换或修复安全带。

（4）配备其他装备：根据需要，配备其他个人防护装备，如安全绳、安全钩等，以提供额外的安全措施。

5. 安全带的维护

安全带的维护至关重要，以确保其正常功能和可靠性：

（1）清洁：定期清洁安全带，避免积尘和化学物质对其造成损害。遵循制造商的清洁指南。

（2）储存：正确储存安全带，避免暴露在阳光、湿气或高温环境中。

（3）定期检验：按照制造商建议的频率进行安全带的定期检验和维护，对磨损、损坏或失效的部分进行更换。

（三）安全绳

1. 安全绳的结构和分类

安全绳通常由高强度的纤维材料或金属丝制成，用于保护和支撑工作人员在高处作业时的安全。根据其结构和用途，安全绳可以分为以下几类：

（1）静态绳：一种不具备弹性的绳索，主要用于垂直下降、固定点锚定和工作位置的支撑。它通常用于高空作业、登山、洞穴探险等需要稳定支持的场合。

（2）弹性绳：也被称为动态绳，具有一定的弹性和吸能性能。它主要用于吊缆行走、制动减速以及保护从高处下落的工作人员。弹性绳能够吸收和减轻意外坠落引起的冲击力。

（3）脱膜绳：一种结构特殊的安全绳，由外套和内芯组成。外套通常由耐磨损和耐化学腐蚀的材料制成，而内芯则提供强度和支撑力。脱膜绳适用于需要额外保护和耐久性的作业环境。

2. 安全绳的选择

选择适合的安全绳需要考虑以下因素：

（1）强度等级：根据作业需求和作业人员的重量，选择适当的安全绳强度等级。确保安全绳的工作负荷能够满足实际需要，不会超过其额定负荷。

（2）长度：根据作业环境和作业要求，选择合适长度的安全绳。确保安全绳长度足够满足工作范围的需求，并留有一定余量。

（3）耐久性和质量：选择由高质量材料制成、具有耐磨损和抗化学腐蚀性能的安全绳。优质的安全绳能够经受长时间的使用和重复拉伸，确保作业人员的安全。

（4）安全和认证标准：选择符合当地安全和认证标准的安全绳。这些认证和标准确保了安全绳的设计、制造和性能符合相关要求。

3. 安全绳的使用及维护

在使用安全绳之前，必须仔细阅读制造商提供的使用说明和注意事项，并遵循所有安全程序。

以下是一些安全绳的使用和维护要点：

（1）安全连接：确保安全绳正确连接到工作人员的身体装备和固定点。使用正确的连接器和吊环，并确保连接牢固可靠。

（2）定期检查：定期检查安全绳的外观和结构。检查是否有磨损、切割、断裂或其他损坏。如果发现任何损坏，请立即停止使用并更换绳索。

（3）清洁和保养：保持安全绳干净和干燥。定期清洗绳索以去除污垢和化学物质，但避免使用腐蚀性清洁剂。在不使用时，将安全绳存放在干燥的地方，避免阳光直射。

（4）存储和运输：正确存储和运输安全绳，避免绳索受到扭曲、摩擦或挤压。将安全绳放置在干燥、清洁的容器中，远离尖锐物体和化学物质。

（5）记录和替换：记录安全绳的使用和维护历史，包括检查、清洗和更换记录。根据制造商的建议，定期更换安全绳（即使没有明显的损坏）。

（四）防护服

防护服是替代或穿在个人衣服外，用于防止一种或多种危害的衣服，是安全作业的重要防护部分，用于隔离人体与外部环境。

根据外部有害物质性质的不同，防护服的防护性能、材料、结构等也会有所不同。我国防护服按用途分为：

（1）一般作业工作服：用棉布或化纤织物制作，适用于没有特殊要求的一般作业场所。

（2）特殊作业工作服：包括隔热服、防辐射服、防寒服、防酸服、抗油拒水服、防化学污染服、防 X 射线服、防微波服、中子辐射防护服、紫外线防护服、屏蔽服、防静电服、阻燃服、焊接服、防砸服、防尘服、防水服、医用防护服、高可视性警示服、消防服等。

1. 选用防护服

选用防护服时应注意以下几点：

（1）必须选用符合国家标准，并具有产品合格证的防护服。

（2）根据有限空间作业过程中可能接触的危险有害因素进行选择。如存在易燃易爆风险时，不应穿易产生静电的化纤防护服，应穿着防静电防护服，在有腐蚀性气体或液体的情况下应穿着防酸（碱）服等。表4-4列举了几种有限空间作业常见的作业环境及选择的防护服种类。

表 4-4 有限空间作业常见的作业环境及选择的防护服种类

作业类别		可以使用的防护用品	建议使用的防护用品
编号	环境类型		
1	存在易燃易爆气体/蒸气或可燃性粉尘	化学品防护服 阻燃防护服 防静电服 棉布工作服	防尘服 阻燃防护服
2	存在有毒气体/蒸气	化学防护服	—
3	存在一般污物	一般防护服 化学品防护服	防油服
4	存在腐蚀性物质	防酸（碱）服	—
5	涉水	防水服	—

2. 使用、保养防护服

使用、保养防护服时应注意以下几点：

1）化学品防护服

（1）使用前应检查化学品防护服的完整性及与之配套装备的匹配性，在确认完好后方可使用。

（2）进入化学污染环境前，应先穿好化学品防护服；不应在污染环境中穿、脱化学品防护服及防护装备。

（3）化学品防护服被化学物质持续污染时，应在规定的防护性能（标准透过时间）内更换。有限次数使用的化学品防护服已被污染时应弃用。

（4）脱除化学品防护服时，宜使内面翻外，减少污染物的扩散，且宜最后脱除呼吸防护用品。

（5）由于许多抗油拒水防护服及化学品防护服的面料采用的是后整理技术，即在表面加入整理剂，一般须经高温才能发挥作用，因此这类服装要经高温处理后再穿用。

（6）穿用化学品防护服时应避免接触锐器，防止受到机械损伤。

（7）严格按照产品使用与维护说明书的要求进行维护，修理后的化学品防护服应满足相关标准的技术性能要求。

（8）受污染的化学品防护服应及时洗消，以免影响化学品防护服的防护性能。

（9）化学品防护服应储存在避光、温度适宜、通风合适的环境中，应与化学物质隔离储存。

（10）已使用过的化学品防护服应与未使用的化学品防护服分开储存。

2）防静电工作服

（1）凡是在正常情况下，爆炸性气体混合物连续、短时间频繁出现或长时间存在的场所及爆炸性气体混合物有可能出现的场所，可燃物的最小点燃能量在 0.25 mJ 以下时，应穿防静电服。

（2）由于摩擦会产生静电，因此在火灾爆炸危险场所禁止穿、脱防静电服。

（3）为了防止尖端放电，在火灾爆炸危险场所禁止在防静电服上附加或佩戴任何金属物件。

（4）对于导电型的防护服，为了保持良好的电气连接性，外层服装应完全遮盖住内层服装。分体式上衣应足以盖住裤腰，弯腰时不应露出裤腰，同时应保证服装与接地体的良好连接。

（5）在火灾爆炸危险场所穿用防静电服时必须与现行国家标准《防静电鞋、导电鞋技术要求》（GB 4385）中规定的防静电鞋配套穿用。

（6）防静电服应保持清洁，保持防静电性能，使用后用软毛刷、软布蘸中性洗涤剂刷洗，不可损伤服装材料纤维。

（7）穿用一段时间后，应对防静电服进行检验，若防静电性能不符合标准要求，则不能使用。

3）防水服

（1）防水服的用料主要是橡胶，使用时应严禁接触各种油类（包括机油、汽油等）、有机溶剂、酸、碱等物质。

（2）洗后不可暴晒、火烤，应晾干。

（3）存放时应尽量避免折叠、挤压，要远离热源，通风干燥，如需折叠，应撒滑石粉避免黏合。

（4）使用中应避免与尖利物体接触，以免影响防水效果。

（五）防护手套

在作业过程中接触到机械设备、腐蚀性和毒害性的化学物质，可能会对手部造成伤害。为防止作业人员的手部受到伤害，作业过程中应佩戴合格有效的防护手套。防护手套的种类有绝缘手套、耐酸碱手套、焊工手套、橡胶耐油手套、防水手套、防毒手套、防机械伤害手套、防静电手套、防振手套、防寒手套、耐火阻燃手套、电热手套、防切割手套等。

有限空间常使用的是耐酸碱手套、绝缘手套及防静电手套。

使用、保养防护手套的过程中要注意以下几点：

（1）应根据作业环境中存在的危害因素，以及作业过程中可能对手部造成的伤害选择具备相应功能、尺寸适当、佩戴舒适的防护手套。应注意，操作转动机械作业时禁止使用编织类防护手套。

（2）使用前应检查防护手套的有效使用期，超过产品规定的有效使用期限或存储期限的不应使用。此外还应检查防护手套外观，确保不存在渗透、裂痕、严重磨损、变形、烧焦、融化或发泡、僵硬、发黏或发脆等影响手套防护性能的明显缺陷。对于绝缘手套应检查电绝缘性，不符合规定的不能使用。

（3）佩戴手套时应将衣袖口套入手套内，防止发生意外。摘取手套要注意方法，防止将手套上沾染的有害物质接触到皮肤和衣服上，造成二次污染。

（4）橡胶、塑料等防护手套用后应冲洗干净、晾干，保存时避免高温，并在手套上撒上滑石粉以防粘连。

（5）带电绝缘手套要用低浓度的中性洗涤剂清洗。

（6）防护手套应存放在清洁、干燥通风、无油污、无热源或阳光直射、无腐蚀性气体的地方。

（六）防护鞋（靴）

为防止作业人员足部受到物体的砸伤、刺割、灼烫、冻伤、化学性酸碱灼伤及触电等伤害，作业人员应穿着有针对性的防护鞋（靴）。

防护鞋（靴）主要有防刺穿鞋、防砸鞋、电绝缘鞋、防静电鞋、导电鞋、耐化学品的工业用橡胶靴、耐化学品的工业用塑料模压靴、耐油防护鞋、耐寒防护鞋、耐热防护鞋等。

有限空间作业需根据作业过程中存在的足部伤害风险选择适宜的防护鞋（靴）。如在酸、碱腐蚀性物质的环境中作业需穿着耐酸碱的胶靴，在有易燃易爆气体的环境中作业需穿着防静电鞋等。

防护鞋（靴）的使用及保养应注意以下几点：

（1）使用前要检查防护鞋（靴）外观。防护鞋（靴）帮面应无明显裂痕，无严重磨损、包头外露，无变形、烧焦、融化或发泡；鞋（靴）底裂痕长度不应超过 10 mm，深度不应超过 3 mm，防滑花纹不应低于 1.5 mm；帮底接合处裂痕长度不应超过 15 mm，深度不应超过 5 mm；鞋（靴）内底、内衬无明显变形和破损。

（2）对非化学防护鞋，在使用中应避免接触到腐蚀性化学物质，一旦接触后应及时清除。

（3）导电鞋（靴）和防静电鞋（靴）一般穿用不超过 200 h 应进行一次鞋（靴）电阻测试，电绝缘鞋（靴）每穿用 6 个月应进行一次电绝缘性能预防性检验。检验不合格的不应使用。

（4）防护鞋（靴）超过产品有效使用期及储存期的不应再使用。

（5）防护鞋（靴）使用后应清洁干净，放置于通风干燥处，避免阳光直射、雨淋及受潮，不得与酸、碱、油及腐蚀性物品存放在一起。

（七）防护眼镜

防护眼镜是防止化学飞溅物、有毒气体和烟雾、金属飞屑、电磁辐射、激光等对眼睛伤害的防护用品。防护眼镜有安全护目镜和遮光护目镜。安全护目镜主要防有害物质对眼睛的伤害，如防冲击眼镜、防化学眼镜；遮光护目镜主要防有害辐射线对眼睛的伤害，如焊接护目镜。

在有限空间内进行冲刷和修补、切割等作业时，沙粒或金属碎屑等异物可能进入眼内或冲击面部；焊接作业时的焊接弧光，可能引起眼部的伤害；清洗反应釜等作业时，其中的酸碱液体、腐蚀性烟雾进入眼中或冲击到面部皮肤，可能引起角膜或面部皮肤的烧伤。为防止有毒刺激性气体、化学性液体对眼睛的伤害，需佩戴封闭性护目镜或安全防护面罩。

第五节　安全器具

（一）通风设备

有限空间作业情况比较复杂，一般要求在有毒有害气体浓度检测合格的情况才能进行作业。但由于有限空间内存在的物质在搅拌、翻动中可能会突然释放大量有毒有害气体，如在污水井中翻动污泥时可能会释放大量硫化氢气体；实施作业的过程中也有可能产生有毒有害物质，或者消耗氧气，改变原作业环境的气体危害程度，如涂刷油漆、电焊等自身会散发出有毒有害物质。因此在有限空间作业中，应配备风机对作业场所进行通风换气，稀释、置换有限空间内的有害气体，补充氧气，确保作业场所的空气始终处于安全状态。

选择风机的时候应考虑实际作业环境，存在易燃易爆风险的，应选用防爆型风机（图4-12）。此外，必须确保选用的风机能够提供作业场所所需的气流量。这个气流必须能够克服整个系统的阻力，包括通过抽风罩、支管、弯管机连接处的压损。过长的风管、风管内部表面粗糙、弯管等都会增大气体流动的阻力，对风机风量的要求就会更高。

图 4-12　防爆型风机

　　风机在使用前需检查外观及运行状况，确保风管无破损，风机叶片完好，电线无裸露，插头无松动，风机能够正常运转。使用过程中，风机应放置在洁净的气体环境中，尽量远离有限空间的出入口，以防捕集到有害气体，通过风管进入有限空间，加重有限空间内的污染。

（二）发电设备

　　在有限空间作业过程中，经常需要进行临时性的通风、排水、供电、照明等。当作业现场没有固定电源时，需要使用小型移动发电设备（图4-13）保障供电。

图4-13　小型移动发电设备

1. 使用前的检查

　　（1）油箱中的油料应能满足作业需求。

　　（2）油路开关和输油管路不应有漏油、渗油现象。

　　（3）各部分接线应无金属裸露，插头无松动，接地线良好。

2. 使用中的注意事项

　　（1）使用前，必须将底架停放在平稳的基础上，运转时不准移动，且不得使用帆布等物遮盖。

　　（2）发电机外壳应有可靠接地，并应加装漏电保护器，防止工作人员发生触电事故。

　　（3）启动前需断开输出开关，将发电机空载启动，运转平稳后再接电源带负载。

　　（4）运行中应密切注意发电机的工作情况，观察各种仪表指示是否在正常范围内，检查运转部分是否正常，发电机温升是否过高。

　　（5）应在通风良好的场所使用，禁止在有限空间内使用。

（三）照明设备

　　地下有限空间作业环境常常是指管道、井、坑、密闭小室等光线黑暗的场所，因此应携带照明灯具才能进入作业。这些场所通常比较潮湿，部分还可能存在易燃易爆物质，所以照明灯具的安全性十分重要。

地下有限空间作业使用的照明灯具应符合以下要求：

（1）应用 24 V 以下的安全电压；在积水、结露、潮湿环境内作业应用 12 V 以下的安全电压。

（2）存在易燃易爆物质的，应使用符合相应防爆要求的防爆手电筒、防爆照明灯等照明器具，如图 4-14 所示。

图 4-14 便携式防爆工作灯

（3）潮湿或特别潮湿（相对湿度＞75%）的场所，属于触电危险场所，必须选用密闭型防水照明灯具或配有防水头灯的开启式照明灯具。

（4）含有大量尘埃的场所，必须选用防尘型照明灯具，以防尘埃影响照明灯具安全发光。

（5）存在较强振动的场所，必须选用防振型照明灯具。

（6）有酸、碱等强腐蚀介质场所，必须选用耐酸、碱型照明灯具。

（四）通信设备

在有限空间作业时，监护者与作业者可能因距离或转角而无法直接面对，监护者无法了解和掌握作业者情况，因此必须配备必要的通信器材，与作业者保持定时联系。作业场所可能存在易燃易爆气体，所配置的通信器材也应该选用防爆型的，如防爆电话、防爆对讲机等，如图 4-15 所示。

图 4-15 防爆对讲机

（五）安全梯

安全梯是用于作业者上下地下井、坑、管道、容器等的通行器具，也是事故状态下逃生的通行器具。根据作业场所的具体情况，应配备相适应的安全梯。有限空间作业一般用直梯、折梯或软梯作业通行器具。安全梯从制作材质上分为竹制、木制、金属制和绳木混合制；从梯子的形式上分为移动直梯、移动折梯、移动软梯。使用安全梯时应注意以下几点：

（1）使用前必须对梯子进行安全检查。首先检查竹、木、绳、金属类梯子的材质是否发霉、虫蛀、腐烂、腐蚀等；其次检查梯子是否有损坏、缺档、磨损等情况，对不符合安全要求的梯子应停止使用；有缺陷的应修复后再使用。对于折梯，还应检查连接件，铰链和撑杆（固定梯子工作角度的装置）是否完好，如不完好应修复后使用。

（2）使用时，梯子应加以固定，避免接触油、蜡等易打滑的材料，防止滑倒，也可设专人扶挡。

（3）在梯子上作业时，应设专人安全监护。梯子上有人作业时不准移动梯子。

（4）除非专门设计为多人使用，否则梯子上只允许 1 人作业。

（5）折梯的上部第二踏板为最高安全站立高度，应涂红色标志。梯子上第一踏板不得站立或超越。

第六节　救援装备

（一）三脚架救援系统

三脚架救援系统是一种常用的救援设备，如图 4-16 所示，用于在紧急情况下提供临时的稳定支撑和安全通道。它由三个支柱组成，形成一个三角形结构，以提供良好的平衡和稳定性。

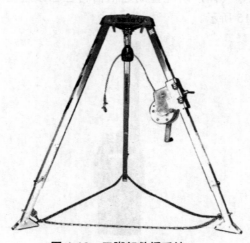

图 4-16　三脚架救援系统

1. 三脚架的结构和功能

（1）三脚架救援系统通常由铝合金、钢或其他强度高的材料制成，以确保结构的稳定性和承重能力。

（2）结构上，每个支柱通常由多个可伸缩的脚部以及连接脚部的金属杆构成。这种结构允许用户根据需要调整脚部的长度，以适应不同的地形和高度要求。

（3）三脚架救援系统可以根据其用途和功能进行分类，如工业救援、登高作业、紧急撤离等。

2. 三脚架救援系统的选择

在选择三脚架救援系统时，需要考虑以下要素：

（1）负载能力：确保所选系统能够承受预计使用场景中的负载要求。

（2）高度调节范围：根据实际需求选择能够满足作业高度要求的系统。

（3）材料质量：选择经过认证和符合标准的高质量材料制成的系统，以确保其结构稳定和耐用性。

（4）适应性和易用性：考虑系统的适应性，能否适用于各种地形和工作环境，并且易于使用和携带。

3. 三脚架救援系统的使用

在使用三脚架救援系统时，必须严格遵守以下几点：

（1）在使用前进行系统的全面检查，确保其各个部分和连接件的完好性。

（2）确保正确设置和稳固固定。

（3）在使用过程中，确保系统设置在稳固的地面或支撑物上，以避免倾斜或滑动。

（4）在需要离开或移动三脚架时，确保人员已安全撤离，避免受到意外伤害。

（二）侧边进入系统

侧边进入系统如图 4-17 所示。

图 4-17 侧边进入系统

1. 侧边进入系统的结构和分类

密闭空间救援侧边进入系统通常由以下几个主要组件构成：

（1）主横梁：作为侧边进入系统的支撑结构，负责承担载荷和提供稳定性。

（2）垂直支撑杆：垂直连接主横梁和地面或其他支撑结构，提供垂直稳定性。

（3）侧边进入设备（如登梯、脚手架）：用于工作人员进入和离开密闭空间，如气罐或储存槽等。

（4）安全围护栏和护栏门：用于确保工作区域的安全，并防止意外坠落。

（5）密闭空间救援侧边进入系统根据具体的用途和配置，可分为不同的类别，如固定式侧边进入系统、移动式侧边进入系统以及组合式侧边进入系统等。

2. 侧边进入系统的选择

在选择密闭空间救援侧边进入系统时，需要考虑以下要素：

（1）工作环境：了解密闭空间的特点，并根据空间大小、高度和其他限制条件来选择合适的侧边进入系统。

（2）安全性能：确保所选系统符合相关的安全标准和规定，能够提供足够的稳定性和承重能力，并具备应对突发状况的能力。

（3）救援功能：考虑系统是否配备紧急救援装置，如安全绳索、气体检测报警仪和急救设备等，以确保在紧急情况下的适应和救援能力。

（4）操作和易用性：选择操作简便、方便调整和适应多种工作条件的系统，提高工作效率和安全性。

3. 侧边进入系统的使用

在使用密闭空间救援侧边进入系统时，需要严格遵守以下几点：

（1）在使用前，对系统进行全面检查，确保其各个部件和连接点的完好性和可靠性。

（2）确保正确设置和稳定固定。

（3）进入密闭空间之前，进行适当的培训和准备工作，了解装备操作及紧急救援程序。

（4）在使用过程中，穿戴适当的个人防护装备，如安全帽、安全带、手套等，并严格遵循安全操作规程。

（5）定期检查和维护侧边进入系统，包括系统组件和救援设备的功能和完好性，确保在需要时能够安全救援。

第五章　安全标志、安全色

安全标志、安全色是在作业现场中最基本的元素，是作业人员和监护人员应掌握的最基础的安全知识。

安全标志是当危险发生时能够指示人们尽快逃离或者指示人们采取正确、有效、得力的措施对危害加以遏制的标志。

安全色即"传递安全信息含义的颜色"，包括红色、黄色、蓝色、绿色四种。安全标志中，安全色传达着特定的意义。

1. 安全标志、安全色的分类

（1）安全标志是由安全色、几何图形和形象的图形符号构成的，用以表达特定的安全信息。

安全标志分为禁止标志、警告标志、指令标志和提示标志四类。

① 禁止标志禁止人们的不安全行为。禁止标志的几何图形是带斜杠的圆环，图形背景为白色，圆环和斜杠为红色，图形符号为黑色。

常见的禁止标志如图 5-1 所示。

② 警告标志提醒人们对周围环境引起注意，以避免可能发生危险。警告标志的几何图形是三角形，图形背景是黄色，三角形边框及图形符号均为黑色。

常见的警告标志如图 5-2 所示。

③ 指令标志强制人们必须做出某种动作或采用防范措施。几何图形是圆形，背景为蓝色，图形符号为白色。

常见的指令标志如图 5-3 所示。

④ 提示标志向人们提供某种信息（指示目标方向、标明安全设施或场所等）。几何图形是长方形，按长短边的比例不同，分一般提示标志和消防设备提示标志两类。提示标志图形背景为绿色，图形符号及文字为白色。

常见的提示标志如图 5-4 所示。

（2）安全色是用来表达禁止、警告、指令和提示等安全信息含义的颜色。它的作用是使人们能够迅速发现和分辨安全标志，提醒人们注意安全，以防发生事故。现行国家标准《安全色》（GB 2893）中采用红、蓝、黄、绿四种颜色为安全色，如图 5-5 所示。

同时还有对比色，其能使安全色更加醒目，也称为反衬色。黄色的对比色用黑色，红、蓝、绿三种颜色的对比色用白色。

图 5-1 常见的禁止标志

图 5-2 常见的警告标志

图 5-3　常见的指令标志

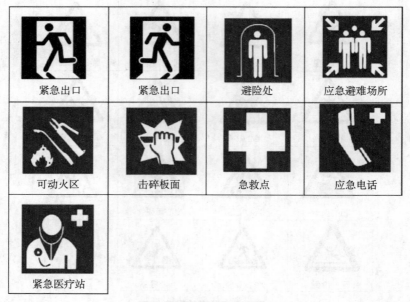

图 5-4　常见的提示标志

红色 传递禁止、停止、危险或提示消防设备、设施的信息。 **蓝色** 传递必须遵守规定的指令性信息。 **黄色** 传递注意、警告的信息。 **绿色** 传递安全的提示性信息。

图 5-5 安全色的含义

红色与白色相间条纹的含义是禁止越过，交通、公路上用的防护栏杆以及隔离墩常涂此色。黄色与黑色相间条纹的含义是警告、危险，工矿企业内部的防护栏杆、起重机吊钩的滑轮架、平板拖车排障器、低管道常涂此色。蓝色与白色相间条纹的含义是指示方向，如交通指向导向标。

2. 安全标志、安全色的使用与设置

（1）安全警示标志使用和设置。

安全警示标志使用和设置应满足以下 3 个原则：

① 安全标志应易于被注意到，安全标志与使用环境之间具有足够的对比度。

② 确保安全标志能够始终在观察者的视线范围内，不会出现偶尔被遮挡的情形（例如，被打开的门遮挡）。

③ 安全标志在观察距离上应具有足够大的尺寸和充足的照明。

（2）安全标志的设置。

安全标志的设置位置需要考虑以下几个方面：

① 应紧邻危险源或所要标示的设备。

② 不会被门、护栏、植物或其他设备设施及其他标志遮挡。

③ 不宜与能够分散该安全标志关注度的其他标志相邻。

④ 前方不宜有障碍物，以便观察者能够靠近识别该标志。

（3）安全标志的照明。

安全标志的照明需要考虑以下几个方面：

① 安全标志设置在室外环境，且仅需要在白天起作用的情况下，安全标志的光源可仅使用日光。

② 外光源安全标志、内光源安全标志及磷光安全标志的色度属性和光度属性应符合现行国家标准《图形符号　安全色和安全标志　第 4 部分：安全标志材料的色度属性和光度属性》（GB/T 2893.4）的要求。

（4）其他要求。

安全标志的设置还需要考虑以下几个方面：

① 设立于某一特定位置的安全标志应被牢固地安装，保证其自身不会产生危险，所有的标志均应具有坚实的结构。

② 对于那些所显示的信息已经无用的安全标志，应立即由设置处卸下。

③ 为了有效地发挥标志的作用，应对其定期检查，定期清洗，发现有变形、损坏、变色、图形符号脱落或亮度老化等情况，应及时更换。

从目前执法情况来看，普遍执行现行国家标准《安全标志及其使用导则》（GB 2894），也就是按照警告、禁止、指令、提示类型的顺序。

而按照风险严重程度，则是依据《国家安全监管总局办公厅关于印发用人单位职业病危害告知与警示标识管理规范的通知》（安监总厅安健〔2014〕111号）发布的即禁止、警告、指令、提示类型的顺序。

3．作业现场常用的安全标志

在有限空间作业现场，为确保工作人员的安全，常用的安全标志将统一放置有限空间作业安全告知牌，如图5-6所示。

图 5-6　有限空间作业安全告知

（1）入口和出口标志：用于标识有限空间的入口和出口，以帮助工作人员正确进出，并确保他们知道离开有限空间的路径。

（2）危险警示标志：用于标识有限空间内的危险或潜在危险。这可以包括可能存在的毒气、窒息风险、可燃物质等危险因素的标志。

（3）禁止标志：用于指示有限空间内禁止做某些事情的区域或操作。例如，禁止吸烟、禁止使用明火、禁止未经授权的人员进入等。

（4）警告标志：用于警示工作人员注意特定的危险或可能造成伤害的情况。例如，警示可能遭受高温、高压、电击等危险的标志。

（5）通知标志：用于提供必要的信息或说明，以确保工作人员了解有关有限空间工作的特定要求或指导。例如，提醒使用个人防护装备、提醒准备救援设备等。

（6）应急救援标志：用于指示有关应急救援设备、出口或联系相关人员的位置。这些标志在紧急情况下可以帮助工作人员快速采取逃生或救援措施。

第六章　作业现场消防与安全用电

第一节　作业现场消防知识

有限空间作业现场，与消防相关的知识主要有以下几个方面：

（1）火灾风险评估：在进入有限空间之前，进行火灾风险评估是必要的。评估应考虑潜在的火灾起因和易燃物质，确定必要的消防设备和应急措施。

（2）灭火器的选择和使用：了解不同类型的灭火器以及它们适用的火灾类型是至关重要的。在有限空间内，常见的灭火器包括二氧化碳灭火器、干粉灭火器和泡沫灭火器。熟悉灭火器的使用方法，并注意使用时的安全距离。

（3）火灾报警系统：有限空间应配备火灾报警系统，以提前发现火灾并采取相应的措施。了解如何正确操作火灾报警系统，包括手动报警器和自动火灾探测器。

（4）防火门和防火隔离：在有限空间内安装防火门和建立防火隔离措施是预防火灾蔓延的有效手段。确保这些设备处于良好状态，并能够有效隔离火灾。

（5）火灾逃生计划：制订火灾逃生计划是保证有限空间作业现场人员安全的重要步骤。计划应包括逃生路线、安全出口、集合地点以及紧急联系人的联系信息。定期进行演练和培训，以确保人员熟悉应对火灾的行动步骤。

（6）防止火灾的措施：在有限空间作业现场，预防火灾比灭火更为重要。采取预防措施，如定期清理杂物、保持区域通风、正确存储易燃物品等，以降低火灾发生的可能性。

（7）气体检测报警仪使用：有限空间内常常存在气体泄漏的风险，这可能导致爆炸或中毒。了解如何正确使用气体检测报警仪，并进行正确的气体检测，以确保有限空间内的气体浓度在可接受范围内。

（8）紧急救援准备：在有限空间作业现场，确保紧急救援装备和设施的可靠性和及时性。这包括急救箱、呼吸器、避难毯、紧急通信设备等。

1. 消防设施的组成及使用

有限空间消防设施的组成和使用取决于具体的空间特点和消防要求。以下是一些常见的有限空间消防设施的组成和使用：

（1）灭火器：灭火器是最基本的消防设备之一，可用于扑灭小型火灾。使用时应注意选择适合火灾类型的灭火器，并在操作时遵循正确的使用方法。

（2）防火门：防火门被用于阻止火灾蔓延到有限空间之外。它们是防火隔离的关键组成部分。防火门应安装在通往有限空间的入口处，并具备适当的防火等级。在发生火灾时，确保防火门能够有效关闭，以防止火势扩散。

（3）火灾报警系统：有限空间应配备火灾报警系统，用于检测和警示火灾。系统可以包括火灾探测器、手动火灾报警器和声光警示设备。当系统探测到烟雾、火焰或升温时，会触发警报，提醒人员采取逃生和灭火措施。

（4）通风设备：在有限空间内，通风设备可以帮助排除烟雾、有害气体和热量，提供新鲜空气。通风设备通常包括风扇、通风管道和排风口。在有火灾发生时，通风设备还可以帮助控制火势的蔓延。

（5）紧急救援设备：紧急救援设备用于应对有限空间内的紧急情况。其中包括呼吸器、安全绳索和救援梯等。呼吸器是重要的紧急救援设备，可用于提供新鲜空气以供人员呼吸。安全绳索和救援梯可用于从有限空间内救援被困人员。

（6）急救箱：急救箱是用于处理紧急伤病的设备。在有限空间作业现场，配置急救箱是必要的，以便在发生伤病或中毒等紧急情况时能够提供基本的急救措施。

2. 作业现场火灾事故分析

（1）火源引发：火灾需要有可燃物和火源。在有限空间作业现场，可能存在易燃或可燃物质，如油漆、溶剂、气体等。如果这些物质没有得到适当的储存、使用和处理，就有可能成为火源引发火灾。

（2）电气设备故障：有限空间作业现场常常涉及各种电气设备，如电动工具、电焊设备等。如果这些设备存在缺陷或损坏，电路短路、电线过热等问题可能导致火灾发生。

（3）火焰或高温工作：某些有限空间作业可能涉及明火、高温设备或焊接工作。如果火焰或高温工作没有得到妥善控制和监控，就有可能引发火灾。

（4）热量积聚：有限空间内的通风可能不佳，导致热量无法有效散发。在一些作业过程中，例如使用高功率设备或进行高负荷操作，热量可能会在有限空间内积聚，增加火灾发生的风险。

（5）火灾蔓延：有限空间通常是相对封闭的空间，火灾蔓延的可能性较高。如果有火灾引发，并且没有适当的防火隔离措施，火势可能会迅速扩散，危及生命和财产安全。

（6）防火措施不足：有限空间缺乏有效的防火设施和措施，如灭火器、防火门、火灾报警系统等。没有足够的防火设施和措施将限制人员应对火灾的能力，增加火灾事故发生的风险。

有限空间作业现场火灾事故产生的常见原因都有其独特性，因此进行具体的风险评估和安全措施制定非常重要，以减少火灾事故的发生。同时，遵循相关法规和标准，配备适当的消防设施，并提供必要的培训，以确保人员在有限空间作业中安全操作。

3. 火灾的预防及处置

预防和妥善处置有限空间作业现场火灾是至关重要的。以下是一些预防和处置措施，可帮助减少火灾事故的发生，并保障人员的安全：

1）预防措施

（1）确保有限空间作业场所符合相关的消防法规和标准。

（2）检查和维护电气设备，确保其安全可靠，定期进行电器安全检查和维护。

（3）进行火灾风险评估，并采取相应的防火措施。

（4）确保有限空间作业现场通风良好，以降低热量积聚和有害气体积聚的风险。

（5）确保有限空间作业现场的可燃物和易燃材料正确储存和处理，遵循安全操作规程。

（6）提供必要的消防设备，如灭火器、消防水龙带、灭火器自动报警系统等，并保持其良好状态。

（7）开展火灾防护培训和紧急撤离演练，确保人员了解如何应对火灾及紧急情况。

2）处置措施

（1）在有限空间作业现场设置明确的火灾报警和紧急呼救程序，以便在火灾发生时能够及时报警并获得支援。

（2）尽量避免有限空间作业现场的火焰工作，采用非明火或低温工艺替代。

（3）如果火灾发生，立即切断可燃物源，并尽可能使用适当的灭火器进行初期火灾扑灭。

（4）在火灾发生时，尽快撤离有限空间，并确保所有人员能够安全撤离到指定的集合点。

（5）及时通知相关部门和当地消防部门，并按照应急预案进行相应的火灾处置。

实际情况会有所不同。因此，根据特定的有限空间作业现场，应进行详细的风险评估，并制定适合该场所的预防和应急措施。此外，时刻关注最新的消防法规和行业标准，定期进行培训和演练，以确保人员具备应对火灾风险的知识和技能。

第二节　作业现场安全用电知识

1. 电气设备安全基本知识

在有限空间作业中，需在保证安全的前提下，确保选择适用于有限空间环境的设备。定期检查和维护电气设备，包括电线、插头、插座等部件的状况，并确保设备良好接地，以降低电击和火灾风险。避免过载使用设备，使用符合安全标准的延长线和插座，同时避免湿环境的影响。合理存储和使用设备，远离可燃物和易燃物，防止火灾发生。对有限空间作业人员进行培训和增强意识，使其了解安全操作程序和风险防范措施。同时建立紧急情况和应急预案，提供适当的灭火设备和紧急疏散通道，并定期进行演练和培训。有限空间作业电气设备安全的基本知识主要有以下几点：

（1）遵守法规与标准：确保有限空间作业电气设备符合当地的法规和标准，如国家电气安全法规、国家机电设备安全标准等。

（2）选择合适的电气设备：在选择电气设备时，要考虑其适用于有限空间环境的特殊要求。选择符合防爆、防尘、耐腐蚀等特性的设备。

（3）定期检查和维护：定期检查电气设备的电线、插头、插座等部件是否损坏或老化，如有问题及时更换或修复。同时，确保设备接地良好，以降低电击和火灾的风险。

（4）防止过载：不要超负荷使用电气设备，以避免过热和短路导致的火灾风险。了解设备的额定功率和负载能力，并确保不超过其限制。

（5）使用合适的延长线和插座：选择符合安全标准的延长线和插座，并确保其适用于有限空间环境。避免使用老化、破损的延长线和插座，并确保正确接地。

（6）避免湿环境：有限空间通常存在高湿度或潮湿的环境，应特别注意选择适用于该环境的防水或防潮电气设备。

（7）妥善存储和使用设备：在有限空间中存放和使用电气设备时，确保其远离可燃物和易燃物，避免发生火灾。

（8）员工培训和意识提高：为有限空间作业人员提供必要的培训，使他们了解电气设备的安全操作程序和风险防范措施。

（9）紧急情况和应急预案：建立紧急情况和应急预案，包括电气设备故障引发的火灾事件。提供适当的灭火设备和紧急疏散通道，并进行定期演练和培训。

2. 施工用电安全技术措施

为了确保有限空间作业施工用电的安全，需要遵守当地的法规和标准，例如国家电气安全标准，并与相关部门协调，获取必要的许可和批准。在进行施工用电前，需要进行综合的安全评估，并制订详细的安全计划，考虑到空间狭小、通风条件不佳等特点，评估可能引发的风险，并采取必要的措施进行控制和防范。

同时需要选择适当的设备，要确保电气设备符合安全标准，并适应有限空间环境，例如选择经过特殊设计的小型、轻便的设备，具备防水、防爆等特性。为降低电击风险，需要确保电气设备正常接地，使用绝缘材料并合理布局电线，避免导电物体与电气设备直接接触，降低人身触电的可能性。

适当配置过载保护装置是必要的，以防止设备过载损坏或引发火灾。在潮湿环境中工作时，需要采取适当的防护措施，例如使用防水插座和插头，以降低电气设备故障的风险。定期检查和维护施工用电设备是必要的，特别要注意电线的磨损、老化情况，并及时更换损坏的部件。

需对从事有限空间施工作业的人员进行必要的培训，使其了解电气安全操作规程和应急处置措施，加强员工的安全意识，强调施工用电的危险性和安全性、重要性。制定施工用电的应急预案，明确各种紧急情况下的应对措施，确保现场配备适当的灭火设备和急救器材，并维护好紧急疏散通道。这些措施可以更好地保障有限空间作业施工用电的安全。

3. 手持电动工具安全使用常识

（1）阅读和遵守说明书：在使用手持电动工具之前，仔细阅读和理解产品的说明书。了解工具的正确操作方法、安全注意事项和维护要求。

（2）选用适当的工具：选择符合工作需求和安全标准的手持电动工具。确保工具的功能和规格与所需任务相匹配。

（3）检查工具的完好性：在使用之前，检查电动工具是否完好无损。确保插头、电线、开关和其他部件没有损坏。如果发现任何损坏或异常，应停止使用并进行维修或更换。

（4）佩戴个人防护装备：使用手持电动工具时，始终佩戴适当的个人防护装备，如护目镜、耳塞、手套和防护鞋（靴）。这些装备可以保护作业人员的眼睛、耳朵、手部和脚部免受意外伤害。

（5）提供良好的工作环境：在使用手持电动工具时，确保作业人员处于稳定的工作环境中。清理工作区域，确保没有杂物或障碍物。保持良好的照明和通风条件。

（6）正确握持和操作工具：正确握持手持电动工具，确保手柄牢固稳定。使用适当的动作和姿势进行操作，避免不必要的扭转或过度伸展。

（7）谨慎操作开关：在使用手持电动工具的开关时要谨慎。确保开关的位置和功能容易访问，并且可以在需要时快速关闭。

（8）预防意外启动：在工具未使用时，不要在插座中插入电源。以防止意外启动。在更换附件、进行维护或调整工具时，务必确保工具已断开电源。

（9）安全储存和携带工具：将手持电动工具储存在干燥、通风的地方。在携带工具时，将其安全地放置在专用的携带箱或袋中，以避免意外损坏或伤害。

（10）定期维护和检查：定期进行手持电动工具的维护和检查，包括清洁工具、更换附件、检查电线和插头的磨损情况，并定期进行维修和保养。

第七章 职业病预防与现场避险自救

第一节 职业病预防

在有限空间进行施工作业时，由于有限空间作业的特殊性，如存在缺乏通风、恶劣的气候条件、有害气体或物质的积聚等风险，长时间进行有限空间施工作业应妥善预防职业病的危害。常见的与有限空间作业相关的职业病有以下几种：

（1）呼吸系统疾病：有限空间可能存在有害气体、粉尘、霉菌、化学物质等，吸入这些物质可能引发呼吸系统疾病，如呼吸道刺激、肺炎、支气管炎等。

（2）中毒：有限空间可能存在有害气体、蒸气、烟尘等，吸入或接触这些物质可能导致中毒。不同的有害物质引起不同类型的中毒，如一氧化碳中毒、重金属中毒、化学品中毒等。

（3）热应激：有限空间可能受通风和高温环境的影响，导致工人暴露在高温环境中，引发热应激病，如中暑、热衰竭等。

（4）职业皮肤病：接触有害化学品、物理因素或微生物可能导致职业性皮肤病，如接触性皮炎、化学性烧伤等。

（5）职业损伤：有限空间通常具有狭小的工作空间和不稳定的工作条件，可能导致受伤，如撞击伤、挤压伤、撕裂伤等。

（6）噪声聋：有限空间可能存在噪声源，如机器设备，作业人员长期暴露于高噪声环境可能导致噪声聋。

（7）职业应激和心理健康问题：有限空间作业环境可能产生高强度、高压力、孤立感等，导致职业应激和心理健康问题，如焦虑、抑郁和工作压力等。

针对有限空间作业职业病有以下措施：

（1）评估风险：在进行有限空间作业之前，进行全面的风险评估。识别可能存在的有害物质、气体、烟尘或其他危险因素。评估潜在的气候条件、通风状况和工作疲劳等因素对作业人员健康的影响。

（2）提供培训：确保所有从事有限空间作业的人员接受过适当的培训，了解有限空间的危险、应急措施和正确使用个人防护设备等知识。培训应包括如何识别潜在的危险和遵循最佳安全工作实践。

（3）适当通风：为有限空间提供适当的通风系统，以确保新鲜空气进入和废气排出。根据工作环境的需要，可能需要使用机械通风、风扇或空气净化装置等设备。

（4）使用个人防护设备：根据评估的风险，提供适当的个人防护设备，如呼吸防护器、防护眼镜、耳塞或耳罩、防护手套和防滑鞋等。工人应正确佩戴和使用这些设备，并确保设备的有效性。

（5）定期监测：进行定期的气体和空气质量监测，以确保有限空间内的空气质量符合安全标准。选择适当的检测设备，并培训工作人员正确使用。

（6）工作程序和应急计划：制定详细的工作程序和应急计划，包括需要的紧急救援资源、作业暂停标准、事故报告程序等。确保工人了解并遵守这些程序，以及如何应对紧急情况。

（7）加强监督和检查：禁止长时间进行作业，确保人员遵守安全操作规程和采取适当的防护措施。进行定期的健康检查，以及关注工人的体征和症状。

第二节　现场避险自救

当进行有限空间作业时，避险和自救非常重要，因为有限空间环境可能存在危险和紧急情况。

1. 紧急自救技能

（1）掌握紧急自救技能，如初级急救、心肺复苏（CPR）和灭火技能。

（2）邀请有经验的紧急救援人员进行培训，以便能够处理紧急情况并提供必要的医疗援助。

2. 在场人员互相监视和提供支持

（1）在进行有限空间作业时，确保有人员在外部进行监视和提供支持。

（2）在有限空间作业现场，相互关注并确保有人随时可以提供帮助和紧急救援。

第八章 相关施工技术

第一节 人工挖孔灌注桩施工工艺

1. 适用范围

人工挖孔灌注桩宜用于地下水位以上的黏性土、粉土、填土、中等密实以上的砂土、风化岩层，也可在黄土、膨胀土和冻土中使用，适应性较强。在地下水位较高，有承压水的沙土层、滞水层、厚度较大的流塑状淤泥、淤泥质土层中不得选用人工挖孔灌注桩。人工挖孔灌注桩的孔径（不含护壁）不得小于 0.8 m，且不宜大于 2.5 m；孔深不宜大于 30 m。当桩净距小于 2.5 m 时，应采用间隔开挖。相邻排桩跳挖的最小施工净距不得小于 4.5 m。

2. 工艺原理

人工挖孔灌注桩是指在桩位采用人工挖掘的方法成孔（或端部扩大），然后安放钢筋笼、灌注混凝土成桩。

3. 施工工艺

1）施工机具

人工挖孔灌注桩的机具比较简单，主要有以下几种：

（1）吊架。一般采用钢架构成或采用成品吊架。

（2）电动葫芦和提土筒。用于材料和弃土的垂直运输以及施工人员上下。（使用的电动葫芦、吊笼等应安全可靠，并配有自动卡紧保险装置，不得使用麻绳和尼龙绳吊挂或脚踏井壁凸缘上下。电动葫芦宜用按钮式开关，使用前必须检验其安全起吊能力）。

（3）短柄铁锹、镐、锤、钎等挖土工具。

（4）护壁钢模板。

（5）鼓风机和送风机。用于向桩孔中强制送入新鲜空气。（当桩孔开挖深度超过 10 m 时，应有专门向井下送风的设备，风量不宜少于 25 L/s）。

（6）应急软爬梯。桩孔内必须设置应急软爬梯供人员上下。

（7）潜水泵。用于抽出桩孔中的积水。其绝缘性应完好，电缆不应漏电，检查是否有划破。有地下水时应配潜水泵及胶皮软管等。

（8）混凝土浇筑机具、小直径插入式振动器、串筒等。当水下浇筑混凝土时，尚应配导管、吊斗、混凝土储料斗、提升装置（卷扬机或起重机等）、浇筑架、测锤。

2）工艺流程

人工挖孔灌注桩施工工艺流程如图 8-1 所示。

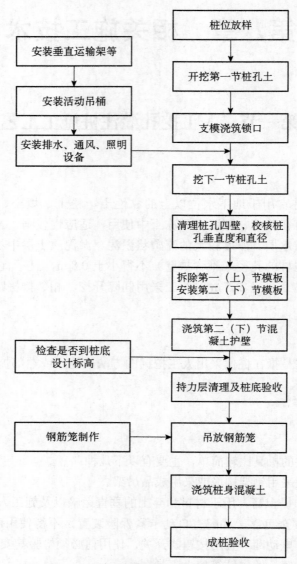

图 8-1 人工挖孔灌注桩施工工艺流程

3）主要施工方法

（1）混凝土护壁施工。

混凝土护壁施工是人工挖孔灌注桩成孔的关键，大多数人工挖孔灌桩事故是在灌注护壁混凝土时发生的，顺利地将护壁混凝土灌注完成，人工挖孔桩的成孔也就完成了。人工挖孔灌桩混凝土护壁的厚度不应小于 100 mm，混凝土强度等级不应低于桩身混凝土强度等级，并应振捣密实；护壁应配置直径不小于 8 mm 的构造钢筋，竖向筋应上下搭接或拉结。

①　混凝土护壁形式。

混凝土护壁形式分为外齿式护壁和内齿式护壁 2 种，如图 8-2 所示。开孔前，桩位应准确定位放样，在桩位外设置定位基准桩，安装护壁模板必须用桩中心点校正模板位置，并应由专人负责。第一节孔圈护壁井圈中心线与设计轴线的偏差不得大于 20 mm；孔圈顶面应比场地高出 100～150 mm，壁厚应比下面井壁厚 100～150 mm。

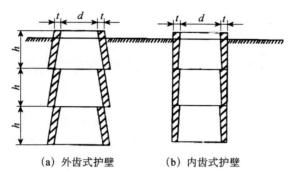

（a）外齿式护壁　　　　（b）内齿式护壁

图 8-2　混凝土护壁形式

②　孔圈护壁施工应符合下列规定：

a. 护壁的厚度、拉结钢筋、配筋、混凝土强度等级均应符合设计要求；

b. 上下节护壁的搭接长度不得小于 50 mm；

c. 每节护壁均应在当日连续施工完毕；

d. 护壁混凝土必须保证振捣密实，应根据土层渗水情况使用速凝剂；

e. 护壁模板的拆除应在灌注混凝土 24 h 后；

f. 发现护壁有蜂窝、漏水现象时，应及时补强；

g. 同一水平面上的孔圈任意直径的极差不得大于 50 mm；

h. 当遇有局部或厚度不大于 1.5 m 的流动性淤泥和可能出现涌土、涌砂时，护壁施工可将每节护壁的高度减小到 300～500 mm，并随挖、随验、随灌注混凝土；采用钢护筒或有效的降水措施。

（2）桩体混凝土灌注。

挖至设计标高，终孔后应清除护壁上的泥土和孔底残渣、积水，并进行隐蔽工程验收。验收合格后，应立即封底和灌注桩身混凝土。灌注桩身混凝土时，混凝土必须通过溜槽；当落距超过 3 m 时，应采用串筒，串筒末端距孔底高度不宜大于 2 m；也可采用导管泵送；混凝土宜采用插入式振捣器振实。当渗水量过大时，应采取场地截水、降水或水下灌注混凝土等有效措施。严禁在桩孔中边抽水、边开挖、边灌注，包括相邻桩的灌注。

4. 安全措施

（1）孔内必须设置应急软爬梯供人员上下；（使用的电动葫芦、吊笼等应安全可靠，并配有自动卡紧保险装置，不得使用麻绳和尼龙绳吊挂或脚踏井壁凸缘上下。电动葫芦宜用按钮式开关，使用前必须检验其安全起吊能力）。

（2）每日开工前必须检测井下的有毒、有害气体，并应有足够的安全防范措施。（当桩孔开挖深度超过 10 m 时，应有专门向井下送风的设备，风量不宜少于 25 L/s）。

（3）孔口四周必须设置护栏，护栏高度宜为 0.8 m。

（4）挖出的土石方应及时运离孔口，不得堆放在孔口周边 1 m 范围内，机动车辆的通行不得对井壁的安全造成影响。

（5）施工现场的一切电源、电路的安装和拆除必须遵守现行行业标准《施工现场临时用电安全技术规范》（JGJ 46）的规定。

第二节　地下管网封堵方法

地下管网工程一般根据现场实际情况，采用管道开槽法施工或管道不开槽法施工。本节以建筑小区室外排水管道（一般包括污废水管道、雨水管道等）施工为例，简述相关施工工艺流程。

1. 管道封堵的方法分类

管道封堵的方法很多，总体上可分为临时设施封堵、工具封堵和固定设施封堵三大类（图 8-3）。工具封堵操作方便，价格便宜，安装、拆除速度快，封堵工具还可以重复使用，是未来发展的方向。封堵工具又可分为专业工厂制造的标准工具和由施工单位自制的非标工具 2 种。

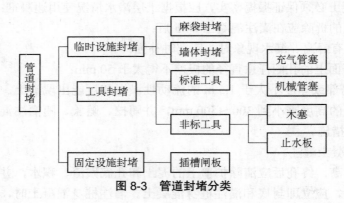

图 8-3　管道封堵分类

（1）木塞封堵。

木塞是一种最简单的封堵工具，安装方便，成本低，可重复使用，但适用范围小，通常只能用于 DN300 以下的小管道。木塞须削成斜率大于 1/10 的圆台，环向还需用双层麻袋布包裹，形成柔软的接触面，管塞大头直径必须大于管口直径。如果木塞的圆度削不好，则很容易出现渗漏。安装时须用榔头敲紧，由此带来的麻烦是拔出木塞也很费劲。

（2）麻袋封堵。

对封堵时间短、水头压力不高的管道，在一时缺乏封堵设备的情况下，可采用灌满黏土的麻袋作临时封堵。麻袋（或草包、编织袋）中装入的必须是黏土。DN300 以下的管道用一两个麻袋即可。大管道则需将麻袋搭建成土坝形状,土坝的底部需有足够的宽度,然后向上逐步变窄。上下层麻袋的接缝必须交叉搭接,不应出现同缝。麻袋封堵的优点是适用于各种管径、各种形状的管道,且成本较低;缺点是可靠性不稳定,耐久性很差,需要经常检查,小的渗漏会随着泥土的流失逐渐变大。安装和拆除大型管道的麻袋封堵是一项艰苦、危险又费时间的工作,目前,除了用于短时间的土坝挡水外,麻袋封堵已很少采用。

(3)墙体封堵。

墙体封堵可分为砖墙封堵和砌块封堵2种,在大管道中采用砌块封堵会相对方便和安全。为确保施工安全,墙体必须具有足够的厚度。为了减小墙体在未达到使用强度前承受的水压力,通常需要在砌墙时埋入一两个小口径短管用于临时排水,以降低上游水位,待墙体达到使用强度后再用木塞或其他方法将预留孔封闭。同样,拆除墙体时也应先拆除预留孔的木塞,先降低水位,再拆除墙体。封堵和拆除大型管道墙体堵头是一项既困难又危险的工作。这类工作大多委托具有潜水资质的专业公司进行。潜水员在水下作业时,相关泵站应停止抽水,用于水下砌墙的水泥砂浆中要加入适量的黏土以避免砂浆在凝固前被水带走。目前在我国特别在大型管道中,墙体封堵仍是最常用的一种方法(图8-4),其优点是适用于不同管径、各种断面形状的管道,使用也相对安全。缺点是施工和墙体水泥强度养护需要的时间都很长(通常要1周以上),如果采用潜水封拆则成本很高。拆除堵头困难,是墙体封堵的又一突出缺点。而且实际工作中经常出现未能拆除干净的残墙坝头影响管道排水的情况,成为日后管道运行中的一大隐患。

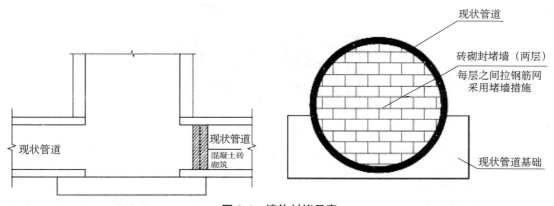

图8-4　墙体封堵示意

(4)止水板封堵。

止水板是一种非标工具,施工单位可以自己动手制作。它由木板、橡胶板、海绵止水条和支撑几部分组成(图8-5)。木板条的背水面需做成45°倒角,拼接后的挡板尺寸必须大于被封管道的直径,然后将5 mm左右的橡胶板粘贴在木挡板的迎水面上以防止渗漏,还要在黑胶皮的四周再粘贴上10 mm厚的海绵止水条,上述止水板制成后可以圈成桶状送入检查井。与其他管堵不同的是,止水板不是安装在管内,而是紧贴在管口的井壁上。止水板就位后应立即用横向和纵向支撑将止水板压紧。止水板封堵适用于各种大小、各种断面的管道，操作安全、封堵有效，安装和拆除都非常方便。但只适用于管口不设沉泥槽的检查井，圆形井壁也不适用。

图 8-5 止水板

（5）插板闸门封堵。

插板闸门属于固定设施，由闸槽和插板 2 部分组成（图 8-6）。简单的木插板闸门有两道砖砌或混凝土浇筑而成的闸槽，两道插板之间需填入黏土并夯实。较复杂的大型插板闸门大多由钢板制成，四周镶有橡胶止水带，闸槽也采用槽钢结构。闸槽大多根据设计要求建在有封堵需要的特殊检查井内，如泵站集水井的上游、倒虹管两侧或大型箱涵上。插板闸门的优点是封拆方便，安全有效；缺点是只能运用在少数已经安装了闸槽及相关起重设备的地方。

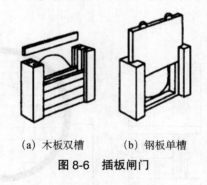

(a) 木板双槽   (b) 钢板单槽

图 8-6 插板闸门

（6）机械管塞封堵。

早期的机械管塞中间夹有厚橡胶板，故称"橡皮塞头"。由两块圆形铁盘做成的夹板、穿心螺栓和夹在铁盘中间的橡胶圈（或橡胶板）组成，故又称碟形管塞（discplug），如图 8-7（a）所示，通过扳动螺栓可以压紧圆盘并使橡胶圈产生径向膨胀，进而将管塞固定在管内。机械管塞可分为封堵型管塞和检测型管塞 2 种，检测型管塞兼有封堵和通过向管内泵气或泵水来检测管道渗漏的功能。为了减轻管塞的质量，国外有些管塞采用铝或工程塑料制成，如图 8-7（b）、图 8-7（c）所示。机械管塞具有使用方便、封堵有效、操作安全、价格便宜、可以反复使用又不易损坏的优点。其缺点是使用范围较小，大多用于 DN300 以下的圆形管道。

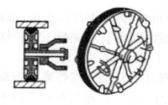

（a）机械管塞　　　　　　（b）铝制机械管塞　　　　（c）工程塑料制成的机械管塞

图 8-7　机械管塞示意

（7）充气管塞封堵。

充气管塞（pneumaticplug），又称球塞、气囊或封堵袋（图 8-8）。它具有密封有效、安装和拆除方便、适用范围广等优点。其缺点是管径越大，充气管塞所能承受的水头压力反而越小，危险性也更大。充气管塞对安全方面的要求也很高，必须每天检查气压状况并及时补气。

图 8-8　充气管塞

充气管塞可分为单一尺寸（singlesize）和多尺寸（multisize）2 种。前者的气囊采用纤维增强橡胶布制成，价格便宜，但一个规格只能用于一种管径。后者具有极好的膨胀性，价格较贵，一个管塞可以分别封堵不同口径的管道。充气管塞也可分为封堵型和检测型两种，检测型管塞兼有封堵和通过向管内泵气或泵水来检测管道渗漏的功能。充气管塞在使用中必须按规定的压力充气和补气，并根据水头大小安装防滑动支撑。

2. 管道封堵安全事项

（1）下井人员应经过安全技术培训，学会人工急救、防护用具、照明及通信设备的使用方法。

（2）下井前必须填写"下井作业安全票"（以下简称作业票），在作业票中应具体填写下列有关安全的措施：①提前开启井盖自然通风，自然通风后达不到要求的还应采取人工通风措施；②井下降水及照明情况；③井下气体检测结果（包括硫化氢浓度、可燃气体浓度、氧气浓度等）；④防毒、防爆措施（防护装具、人工通风等）。

（3）井上应有 2 人监护，监护人员不得擅离职守。

（4）人员进入管内作业的管道，其管径不得小于 800 mm，流速不得大于 0.5 m/s。

（5）封堵管道应先封上游管口，再封下游管口；拆除封堵时，应先拆下游管堵，再拆上游管堵。

（6）使用充气管塞封堵管道应符合下列规定：必须使用合格的充气管塞，管塞所承受的水压不得大于该管塞的最大允许压力。按规定的压力充气，在充气期间井口不得站人；在使用期间必须有专人每天检查气压状况，发现低于规定气压时必须及时补气。按规定做好防滑动支撑措施。拆除管塞时应缓慢放气，防止水流涌出，并在下游安放拦截设备，放气时，井下操作人员不得在井内停留。

第三节　化粪池清掏方法

化粪池的清掏一般分为 2 种方式，分别为自动化清掏和人工清掏。

1. 自动化清掏

（1）用工具打开化粪池的盖板，再用长度合适的（一般不小于 8 m）的工具搅散化粪池内的杂物结块层。

（2）将真空吸粪车开到工作现场，套好吸粪胶管（长 5 m，备 3 条）放入化粪池内。

（3）启动吸粪车的开关，吸出粪便污物直至化粪池内的化粪结块物基本吸完为止，防止弄脏工作现场和过往行人的衣物。

（4）盖好化粪池井盖，用清水冲洗工作现场和所有工具。

（5）化粪池一般半年清理一次（也要看化粪池的使用情况，如用量较大则需缩短清理时间，否则会造成溢池的情况）。一级池清运 90%，二级池清运 75%，三级池的表面全部清运。

（6）清理后，目视井内无积物浮于上面，出入口畅通，保持污水不溢出地面。

2. 人工清掏

（1）用工具打开化粪池的盖板，人工将漂浮物及沉淀物用捞筐及其他工具捞出。

（2）把捞出的沉淀物装入活粪袋，用环卫运输车运走。

（3）用活水泵抽水冲洗化粪池内及地面，冲洗干净为止。

（4）盖好井盖，以防行人掉入井内发生意外。

3. 清掏安全事项

（1）在化粪池井盖打开后先通风 10～15 min，人不得站在池边，禁止在池边点火、吸烟或接打手机，以防沼气着火或爆炸伤人。

（2）人员严禁下池工作，防止人员中毒或陷入水中。如果不得不下池，必须戴上防毒面具，穿好防护服并做好相关防护措施。

（3）化粪池井盖打开后工作人员不能离开现场，清洁完毕后，立即盖好井盖，以防行人掉入井内发生意外。

第二部分　专业知识

第九章　有限空间基本构造

第一节　地下有限空间基本构造

1. 地下管沟

地下管沟是指为了埋设管道而在地下进行的开挖工程。其基本构造通常包括以下要素：

（1）排水底床：地下管沟的底部是一个平坦的区域，用于放置和支撑管道。该区域应满足管道的要求，如提供足够的稳定性和排水能力。

（2）基础填料：在排水底床上，需要铺设一层基础填料，以提供管道的支撑和保护作用。基础填料可以是沙、碎石或类似的材料，用于填充排水底床和管道之间的空隙。

（3）管道：地下管沟的主要组成部分是管道本身。它可以是不同类型的管道，如水管、排水管、电缆管等，根据具体的工程需求和功能进行选择。

（4）基础填料：在管道安装完成后，需要在管道的上部和侧部填充基础填料，以提供额外的支撑和保护。基础填料可以是具有良好排水性的松散土壤或碎石。

（5）压实：在填充基础填料之后，需要进行压实操作，以确保填料充实，并提供足够的稳定性。压实可以通过使用压路机或机械振动器进行。

（6）表面覆盖：完成地下管沟后，通常需要对地下管沟进行表面覆盖来保护和标识。表面覆盖可以是土壤、沥青或混凝土，具体取决于地下管沟的用途和周围环境。

2. 涵洞

涵洞是一种用于通行水流或交通的地下结构，通常由管道或隧道构成。其基本构造包括以下要素：

（1）进口端：涵洞的起始点，即水流或交通进入涵洞的地方。进口端通常设计为宽敞的开口，以容纳水流或车辆的通过。

（2）过渡段：过渡段是将进口端与涵洞的主体连接起来的区域。在这个区域中，涵洞的形状和尺寸逐渐调整，以适应涵洞内的水流或交通要求。

（3）涵洞主体：涵洞的主体部分是一个相对较长的管道或隧道结构，用于容纳水流或交通。涵洞主体的尺寸和形状会根据特定的需求进行设计，以确保有效的通行能力和结构稳定性。

（4）底床：涵洞的底部是一个平坦的区域，用于支撑水流、车辆或其他负荷。底床通常被设计为具有一定的坡度，以便水流能够流动或车辆能够行驶。

（5）顶部：涵洞的顶部是整个结构的覆盖部分。它可以是开放式的，如挖掘的隧道，或是封闭的，如预制混凝土管道。

（6）出口端：涵洞的终点，即水流或交通离开涵洞的地方。出口端通常与进口端类似，设计为宽敞的开口，以容纳流出的水流或车辆。

3. 桩孔

（1）孔径：桩孔的直径或横截面尺寸是根据具体的工程需要和设计要求确定的。孔径的大小取决于桩的类型、负荷传递要求、土壤条件等因素。

（2）孔壁：桩孔的周围是由土壤或岩石组成的孔壁。孔壁的稳定性和土质特性对桩基的稳固性和承载能力具有重要影响。

（3）孔底：桩孔底部是孔洞的底部区域。孔底可能是天然的岩层、坚实的土壤或深入的抵抗力较大的层次。对于灌注桩，孔底通常需要进行清理、钻杆清洗和水压试验。

（4）桩孔导向：为了保持桩孔的稳定性和防止土壤塌方，有时会使用桩孔导向。桩孔导向通常是钢管或钢筋网，安装在桩孔的周围，以提供侧向支撑。

（5）防塌措施：在进行桩孔挖掘时，为了防止孔壁塌方，需要采取相应的防塌措施。这可能包括孔壁支撑、涂抹防塌剂、土钉加固等。

4. 井道

井道是指用来安装井和相关设备的垂直管道或结构。通常包括下列要素：

（1）井筒：井道的主要成分之一是井筒，也称为井管或井壁。井筒是一个管状结构，用于保护井口周围的土壤，防止塌方和污染。常见的井筒材料包括钢筋混凝土、管材或塑料。

（2）井盖：井道顶部通常会设置井盖，用于覆盖井口并提供访问井道的入口。井盖可以是金属盖板、混凝土盖板、塑料盖板等，其设计目的是确保安全，防止人员或物体掉入井道。

（3）护栏或围栏：为了确保人员的安全，井道周围通常会设置护栏或围栏。护栏或围栏可以是金属栅栏、铁艺护栏或其他结构，用于防止人员误入井道或坠入井道。

（4）井壁衬砌：在井道的内部有时会进行井壁衬砌，以增强井道的结构稳定性。井壁衬砌一般采用混凝土、砖块或石材等材料，用于加固井道的内壁。

（5）梯子或爬升设施：对于深井道或需要人员进入的井道，需要设置梯子或其他爬升设施，以便人员进出并进行维护、修理等工作。

5. 检查井室

检查井室是用于检查、维修或访问管道、电缆或其他地下设施的地面或地下结构。检查井室的具体构成包括以下要素：

（1）井壁：检查井室的主要构成部分是井壁，也称为室壁或井腔。井壁是一个垂直的结构，用于围合井室的空间，通常由混凝土、砖块、预制混凝土环等材料构成。

（2）井盖：检查井室顶部通常会设置井盖，用于覆盖井室开口并提供访问井室的入口。井盖可以是金属盖板、混凝土盖板或其他材料，其设计目的是确保安全，防止人员或物体误入井室。

（3）梯子或爬升设施：对于大型或深入地下的检查井室，需要设置梯子或其他爬升设施，以便人员进出并进行维护、检查等工作。

（4）进、出口：检查井室通常具有进、出口，用于连接管道或电缆。进、出口可以是管道或电缆的接口，通常位于井室壁上，并通过与管道或电缆连接，实现对其进行检查、维修或连接其他设施。

（5）泄水系统：为了防止井室积水，通常会在井室底部设置泄水系统。泄水系统可以包括排水管道、排水孔或泵站等，用于将积水排出井室。

6. 化粪池

化粪池是用于暂时贮存和分解生活污水中有机物质的设施，一般用于没有排污管道的地区。其结构构成主要包括以下部分：

（1）主体结构：化粪池的主体结构通常是由混凝土、砖块、钢筋混凝土等材料构成的，用来容纳和贮存污水。主体结构可以是圆形、矩形或其他形状，具体取决于设计和使用要求。

（2）进出口管道：化粪池需要有进水管道和排水管道。进水管道将生活污水引入化粪池，排水管道将分解后的水排出化粪池。这些管道通常位于化粪池的顶部或侧面。

（3）气体排放系统：由于在化粪过程中会产生气体，化粪池需要设计通风系统或排气管道，以确保气体的排放和处理，防止积聚的有害气体对环境和人体健康造成危害。

（4）隔板/隔膜：在化粪池内部，可以设置隔板或隔膜来划分不同的区域，帮助分解有机物质，减少悬浮物的搅动，促进污水的分层沉淀。

7. 污水池

污水池是用于暂时储存和处理污水的设施，通常位于污水处理厂、工业场所或城市下水道系统中。其结构构成主要包括以下部分：

（1）主体结构：污水池的主体结构通常由混凝土、钢筋混凝土等材料构成，以承受污水的重量和压力。主体结构的形状和尺寸取决于设计和使用要求，可以是圆形、矩形或其他形状。

（2）进水口/进水管道：污水通过进水口或进水管道引入污水池。进水口通常与排水系统相连接，以将污水从城市下水道或其他源头引入污水池。

（3）排水口/出水管道：经过沉淀和处理的污水通过排水口或出水管道排出污水池。出水口通常位于污水池的底部，以确保从污水中排出沉积物。

（4）气体排放系统：污水池中可能会产生有害气体，如硫化氢等。为了防止气体积聚，需要设计通风系统或排气管道，将气体排放到安全地点。

（5）隔板/隔膜：污水池内部可能设置隔板或隔膜，以帮助污水分层沉淀，防止悬浮物的搅动，促进沉淀物的分离。

（6）搅拌设备（可选）：在某些情况下，污水池可能需要搅拌设备，以防止污泥沉积，促进污水中的颗粒物均匀分布，提高污水的处理效率。

（7）监测和控制系统：现代污水池通常配备有监测和控制系统，用于监测污水的水位、浊度、pH 等参数，以及控制搅拌设备、排气系统等操作。

（8）沉淀池/沉淀区域：污水池中的一部分可能被设计为沉淀池或沉淀区域，用于让污水中的悬浮物和污泥沉淀，从而净化污水。

8. 泵站

泵站是用于输送液体或气体的设施，其结构构成通常包括以下主要部分：

（1）泵设备：泵站的核心是泵设备，用于抽送或压送液体或气体。泵的类型根据具体应用需求而定，常见的泵包括离心泵、柱塞泵、螺杆泵等。

（2）进水口/进水管道：泵站需要有进水口或进水管道，将待输送的液体或气体引入泵站。进水口通常与水源或气体来源相连，将液体或气体引入泵站。

（3）出水口/出水管道：泵站的出水口或出水管道将泵抽送或压送的液体或气体输送到目标地点。出水口通常连接至输送管道网络、储存设施或工艺设备等。

（4）泵站房/建筑物：为保护泵设备和电控系统，泵站通常需要泵房、泵站建筑物或控制室等设施。这些建筑物提供泵设备安装、维护和操作的空间。

（5）阀门和管道系统：泵站的管道系统包括连接进水口和出水口的管道、阀门、管道支架和连接件等。阀门用于控制流量、调节压力和切换流向。

（6）安全设施：为提供安全运行环境，泵站可能配备安全设施，如泄压装置、漏水报警系统、消防设备和安全标识等。

第二节 地上有限空间基本构造

1. 发酵池

发酵池是用于生物发酵过程的设施，常见于食品加工、制药和生物工程等领域。其基本构造主要包括以下部分：

（1）主体结构：发酵池的主体结构通常由耐酸碱、耐腐蚀的材料构成，如不锈钢、玻璃钢或聚合物材料。主体结构的形状和尺寸随发酵过程要求和容积而有所不同，可以是圆形、矩形、圆柱形或其他特定几何形状。

（2）进料口/进料管道：发酵池需要有进料口或进料管道，用于将发酵物料、营养液或底物加入发酵池中。进料方式可以是手动加料和自动化控制。

（3）排放口/排放管道：发酵池需要有排放口或排放管道，用于将发酵产物、废液或废气排出池外。排放方式可以是手动排放和自动控制，根据发酵过程的要求和产物特性确定。

（4）通气系统：发酵池通常配备通气系统，以提供适当的氧气供给并排出产生的废气。通气系统可能包括气体进口、气体排放管道、过滤器、气体分配系统等。

（5）搅拌设备：为了促进发酵液的均匀混合和氧气传递，发酵池可能配备搅拌设备，如机械搅拌器、气体注入器或表面活性剂注入装置等。

2. 箱梁

箱梁是一种常见的结构形式，广泛应用于桥梁、建筑物和其他工程领域，以承受横向荷载和提供支撑。它的名称来源于其截面形状类似一个封闭的箱子。箱梁的基本构造主要包括以下部分：

（1）上、下翼板（上、下翼缘）：箱梁的上部和下部都有水平的翼板，也称为翼缘。这些翼板在横向荷载作用下承受弯矩和剪力。上翼板通常位于桥面的上方，用于提供行车道或行人通道，而下翼板则支撑着整个结构。

（2）纵向板（竖向腹板）：上、下翼板之间通常由一系列垂直的板构成，这些板被称为纵向板或竖向腹板。纵向板的作用是连接上、下翼板，并增强整体的刚性。它们还可以提供额外的弯矩和剪力承载能力。

（3）横向板（横向腹板）：有些箱梁在横向上会有横向板，也称为横向腹板。这些板在纵向腹板之间跨越，提供横向支撑和刚性，有助于抵抗侧向变形和荷载。

（4）连接件：箱梁的各个部分通常通过焊接、螺栓连接或其他方法进行连接。这些连接件在确保结构的整体稳定性和强度方面起着关键作用。

（5）支座：箱梁的支座位于桥梁两端，用于将箱梁连接到桥墩或支撑结构上。支座允许箱梁在受热膨胀或收缩时发生相应的运动，并分担桥梁的荷载。

（6）进水孔/排水孔：在桥梁中，箱梁通常需要排水，以防止水积聚和腐蚀。因此，在适当的位置可能会设置进水孔和排水孔。

（7）防腐涂层：由于箱梁常常在户外环境下，暴露在气候和湿度的影响下，为了保护结构免受腐蚀，可以施加防腐涂层或防腐措施。

3. 粮仓

粮仓是用于储存谷物、粮食或其他颗粒状物料的设施，其基本构造主要包括以下部分：

（1）主体结构：粮仓的主体结构通常由坚固耐用的材料构成，如钢板、混凝土、木材等。主体结构的形状和尺寸会根据仓储容量、使用场地等因素而有所不同，可以是圆形、方形、长方形等。

（2）进出料口/管道：粮仓需要有进出料口或进出料管道，用于将粮食装入或取出仓库。进出料口/管道通常与输送设备、卸粮机等连接，以便装卸物料。

（3）通风系统：为保持粮食质量和防止霉变、发酵等，粮仓通常配备通风系统，主要包括通风口、通风管道以及通风设备，以确保空气流通，控制温度和湿度。

（4）保护结构：为防止风雨、阳光、虫害等的影响，粮仓通常会有保护结构，如外部遮阳棚、风雨罩、虫害防护网等。

（5）仓顶和仓壁：粮仓的仓顶和仓壁用于保护粮食免受外部环境的影响，防止雨水渗入、阳光照射等。

（6）安全设施：为确保工作人员的安全，粮仓可能会配置安全设施，如防滑设施、防坠落装置等。

4. 料仓

料仓是用于储存各种物料（不仅限于粮食）的设施，其结构构成也会因不同的物料和使用需求而有所变化，其基本构造主要包括以下部分：

（1）主体结构：料仓的主体结构通常由坚固耐用的材料构成，如钢板、混凝土、玻璃钢等。主体结构的形状和尺寸会根据仓储容量、物料特性、使用场地等因素而有所不同，可以是圆形、方形、长方形等。

（2）进出料口/管道：料仓需要有进出料口或进出料管道，用于将物料装入或取出仓库。进出口/管道通常与输送设备、装卸机械等连接，以便装卸物料。

（3）通风与排气系统：某些物料可能需要通风或排气系统来控制温度、湿度，防止霉变等。因此，料仓可能配备通风口、通风管道以及排气设备。

（4）保护结构：为防止恶劣天气、阳光、污染等的影响，料仓通常会有外部遮阳棚、防雨罩、防尘网等。

（5）仓顶和仓壁：料仓的仓顶和仓壁用于保护储存物料免受外部环境的影响，防止雨水渗入、阳光照射等。

（6）卸料设备：料仓需要设备用于卸料，以便将物料从仓库中取出。卸料设备包括卸料机、输送带、螺旋输送机等。

（7）安全设施：为确保工作人员的安全，料仓可能会配置安全设施，如防滑设施、防坠落装置等。

5. 烟道

烟道是用于排放燃烧产生的废气、烟雾和热量的管道或通道系统。它的基本构造会根据燃烧设备、排放要求以及安全性等因素而有所不同。以下是一般烟道可能包括的基本构造：

（1）主体管道：烟道的主体结构由耐高温、抗腐蚀的材料构成，如不锈钢、耐火砖、耐高温陶瓷等。主体管道用于将烟气从燃烧设备传送到排放口。

（2）烟气进出口：烟道通常有烟气的进口和出口，进口与燃烧设备相连接，而出口则与大气相接触。进口可能配备阀门或调节装置，以控制烟气的流量。

（3）支撑和固定结构：烟道需要适当的支撑和固定来确保其稳定性和安全性，主要包括吊挂、支架、支撑架等结构。

（4）热绝缘层：由于烟道内的烟气温度较高，需要在管道外部加上热绝缘层，以防止热量传导到周围环境，并保护人员免受高温热辐射的影响。

（5）防风装置：在需要排放高温烟气的情况下，烟道可能会配置防风装置，如风帽，以防止风吹入烟道影响燃烧效率。

（6）清洁和检修孔：烟道内部可能设置清洁孔或检修孔，以便定期清理积聚的积灰和进行维护保养。

（7）排烟风扇/引风机：某些燃烧设备需要辅助的风机来帮助烟气排放，这些风扇通常位于烟道系统中的适当位置。

第三节　密闭空间基本构造

罐体是用于存储、运输或处理液体、气体或其他物质的容器。它的结构构成会根据用途、存储物质的性质以及安全性等因素而有所不同。以下是一般罐体可能包括的基本构造：

（1）主体壁板：罐体的主体是由壁板构成的，这些壁板可以是钢板、不锈钢板、合金板等材料制成。壁板的厚度和材料选择取决于存储物质的性质和压力要求。

（2）顶盖和底座：罐体通常有一个顶盖和一个底座。顶盖可以是固定式的，也可以是可开启式的，以方便充装或维护。底座则支撑整个罐体并使其稳定。

（3）进出口和阀门：罐体会有进出口，用于充装、排放或连接管道系统。进出口可以配备阀门、管道连接件等，以控制物质的流动。

（4）支撑和支架：罐体需要适当的支撑和支架来保持稳定。这些支撑可以是腿部、支架或基座等。

（5）排放装置：一些液体罐体可能配置排放装置，以便在存储物质需要排放时进行控制。这可以是阀门、泵或其他装置。

（6）绝缘层或保温层：针对需要保持温度的液体，罐体外部可能会添加绝缘层或保温层，以减少热量损失。

（7）防腐蚀涂层：针对易受腐蚀的液体或气体，罐体内部和外部可能会涂覆防腐蚀涂层，以延长罐体的使用寿命。

第十章　安全管理

第一节　相关人员的安全职责

1. 现场负责人的职责

（1）填写有限空间作业审批材料，办理作业审批手续；

（2）了解掌握整个作业过程中存在的危害因素；

（3）对全体作业人员进行安全交底；

（4）确认作业环境、作业程序、防护设施、作业人员符合要求；

（5）掌握作业现场情况，作业环境和安全防护措施符合要求后许可作业，作业条件不符合安全要求时，终止作业；

（6）发生有限空间作业险情、事故时，应按要求及时报告和组织现场救援处置。

2. 监护人员的职责

（1）接受有限空间作业安全生产培训和安全交底；

（2）检查危险源辨识清单、防控措施与现场是否一致，发现落实不到位或措施不完善时，下达暂停或终止作业的指令，并报告现场负责人；

（3）持续对有限空间作业进行监护，确保与作业人员进行有效的信息沟通；

（4）出现异常情况时，发出撤离指令，并协助人员撤离有限空间；

（5）警告并劝离未经许可试图进入有限空间作业区域的人员。

3. 作业人员的职责

（1）接受有限空间作业安全生产培训和安全交底；

（2）遵守有限空间作业安全操作规程，正确使用有限空间作业安全设施与个人防护用品；

（3）服从作业现场负责人安全管理，接受现场安全监督，作业过程中与监护人员保持沟通；

（4）有限空间作业出现异常时立即中断作业，撤离有限空间。

第二节 安全管理措施

1. 总体要求

存在有限空间的单位应严格落实各项安全防控措施，定期开展排查并消除事故隐患（有限空间作业主要事故隐患详见附录 A）。应将有限空间作业安全管理纳入本单位安全管理体系，加强有限空间作业安全生产管理，建立健全有限空间作业安全管理制度，完善有限空间作业安全生产条件，确保安全生产。同时配备专职或兼职安全管理人员，负责有限空间作业的安全管理工作，并在作业前委派专人进行有限空间作业安全风险防控确认（确认表可参考附录 B）。

2. 建立安全管理制度

将有限空间作业安全管理制度化，使安全管理各项措施有章可循，对加强单位有限空间作业安全管理至关重要。涉及有限空间作业的单位可分为作业单位和发包单位，作业单位是进入有限空间实施作业的单位，而发包单位将有限空间作业发包给作业单位。作业单位和发包单位在有限空间作业中所处的角色不同，所建立的制度也有所不同，具体如下：

1）作业单位

作业单位应建立有限空间作业安全生产责任制、安全生产规章制度和操作规程。

（1）有限空间作业安全生产责任制。安全生产责任制是根据我国的安全生产方针"安全第一，预防为主，综合治理"和与安全生产相关的法律法规要求建立的，各级领导、职能部门、工程技术人员、岗位操作人员在生产过程中对生产安全层层负责的制度。它是搞好安全生产的关键，是单位保障安全生产的最基本、最重要的管理制度。《安全生产法》和《重庆市安全生产条例》都明确规定，生产经营单位应当建立健全安全生产责任制。

有限空间作业单位应根据实际情况，梳理单位涉及有限空间管理和作业的相关部门和岗位，建立有限空间作业安全生产责任制，内容涵盖安全管理部门和（或）人员、审批部门和（或）审批责任人、现场责任人、作业负责人、监护者、作业者、应急救援人员及其他相关部门和人员的职责及要求等。

（2）有限空间作业安全生产规章制度。安全生产规章制度是安全生产的行为规范，是搞好安全生产的有效手段。《安全生产法》明确规定生产经营单位应建立安全生产规章制度。有限空间作业单位应根据本单位的实际情况，至少建立以下规章制度：

① 有限空间作业审批制度：涵盖审批部门和（或）审批责任人、审批要求、审批内容、审批流程、审批单样式和审批文件存档等内容。

② 有限空间作业安全培训制度：涵盖有限空间作业培训计划制订、培训对象、培训内容、培训档案管理等内容。

③ 有限空间作业防护设备设施管理制度：涵盖有限空间作业安全防护设备，个人防护装备，应急救援设备设施采购、使用、存放、更新、维护保养及报废等内容。

④ 有限空间作业现场管理制度：涵盖有限空间作业现场人员、设备设施管理及相关安全要求等内容。

⑤ 有限空间作业应急管理制度：涵盖应急管理机构及职责、应急救援预案制修订、应急救援设备设施管理、应急救援演练及效果评估等内容。

（3）有限空间作业安全操作规程。安全操作规程是在工作中必须遵照执行的一种保证安全的规定程序，它在安全生产中具有重要作用，合理可行的安全操作规程能很好地、规范地操作，预防事故发生。有限空间作业单位应根据有限空间结构特点、作业内容、作业危害特点等，制定合理可行的有限空间作业安全操作规程，操作规程涵盖有限空间作业程序、安全技术要求、注意事项等内容。

2）发包单位

发包单位应至少建立以下有限空间作业安全生产规章制度：

（1）有限空间发包作业管理制度：涵盖发包作业管理部门及人员职责、安全生产条件审查内容及程序、发包作业安全管理协议内容及签订等内容。

（2）有限空间发包作业审批制度：涵盖发包作业审批部门和（或）审批责任人、审批要求、审批内容、审批流程、审批单样式和审批文件存档等内容。

（3）有限空间作业安全培训制度：涵盖有限空间作业培训计划制订、培训对象、培训内容、培训档案管理等内容。

3. 建立有限空间管理台账

掌握本单位辖区内有限空间信息，是开展作业安全管理的前提和基础。存在有限空间的单位应对本单位辖区内的有限空间进行辨识，建立有限空间管理台账。有限空间管理台账应包括有限空间位置、名称或编号、主要危险有害因素、事故及后果、防护要求、作业主体等基本情况。若有限空间的存在区域、作业形式等发生改变，应及时更新。有限空间管理台账示例见表10-1。

表 10-1　有限空间管理台账示例

序号	所在区域	有限空间名称或编号	主要危险有害因素	事故及后果	防护要求	作业主体

填写有限空间管理台账应注意以下几点：

（1）所在区域：填写有限空间具体存在的位置，另外，有限空间具体位置可标注在单位平面布置图中。

（2）有限空间名称或编号：填写有限空间的具体名称，若单位存在多个同一类的有限空间，可对有限空间进行编号。

（3）主要危险有害因素及可能发生的事故和后果：根据有限空间危害因素辨识和评估结果填写。

4. 设施安全警示标识

《安全生产法》第三十五条规定，生产经营单位应当在有较大危险因素的生产经营场所和有关设施、设备上，设置明显的安全警示标志。

《重庆市安全生产条例》第二十条规定：生产经营单位的消防通道、安全出口符合紧急疏散、救援要求；场所安全平面布局，安全警示标识，消防应急照明、疏散指示标识应当明显、保持完好，便于从业人员和社会公众识别以及紧急情况下的应急救援。

有限空间内存在缺氧、中毒、燃爆等潜在风险，对辨识出的有限空间，应设置安全警示标志，以警示有限空间的危险性。有限空间安全警示标志分为两类：有限空间标牌（图10-1）和有限空间作业安全告知牌（图10-2）。在设置时遵循以下原则：

（1）根据地下有限空间所在位置、数量等实际情况设置有限空间标牌；

（2）在有限空间集中布置场所显著位置应设置有限空间作业安全告知牌，安全告知牌中主要包括安全警示标志、作业现场危险性、安全操作注意事项、主要危险有害因素浓度、应急电话等内容，并可根据单位有限空间作业实际存在的危险情况进行更改或补充。

图 10-1　有限空间标牌

图 10-2　安全告知牌

5. 安全生产教育培训

安全生产教育培训是安全管理的一项最基本的工作，也是确保安全生产的前提条件。通过安全生产教育培训，可提高从业人员的安全防护技能，强化从业人员的安全防范意识，有效预防事故的发生。《安全生产法》要求生产经营单位对从业人员进行安全生产教育和培训，未经安全生产教育和培训合格的从业人员，不得上岗作业。

存在有限空间的单位应对相关人员每年至少组织 1 次有限空间作业安全专项培训，其中，发包单位应至少对本单位有限空间作业安全管理人员进行培训，作业单位应至少对本单位有限空间作业安全管理人员、作业负责人、监护者、作业者和应急救援人员进行培训。

有限空间作业安全生产教育培训应至少包含以下内容：

（1）有限空间作业安全相关法律法规。

（2）有限空间事故案例分析。

（3）有限空间作业安全管理要求。

（4）有限空间作业危险有害因素和安全防范措施。

（5）有限空间作业安全操作规程。

（6）安全防护设备、个体防护装备及应急救援设备设施的正确使用。

（7）紧急情况下的应急处置措施。

单位应做好培训记录，由参加培训的人员签字确认，并将培训签到记录、讲义和试卷等相关材料归档保存。

6. 安全交底

有限空间是指尺寸受限、进出口有限、通风不良且可能存在有害物质的工作环境。这种环境下的作业往往存在更高的风险，因此在进行有限空间作业之前，必须进行详细的安全交底。以下是有限空间作业安全交底的一般步骤和内容：

（1）识别潜在风险：在进行有限空间作业之前，首先需要对作业现场进行全面的风险评估，识别可能的危险因素，如有害气体、氧气不足、坠落风险等。

（2）制订作业计划：根据风险评估的结果，制订详细的有限空间作业计划，明确作业步骤、安全措施、装备使用等内容。

（3）选择合适人员：选派经验丰富且接受过相关培训的人员参与有限空间作业，确保他们了解风险并清楚如何应对突发状况。

（4）安全培训和交底：在作业开始之前，组织专门的安全培训和交底会议。在交底会议上，需要涵盖以下内容：

① 有限空间作业的风险和危害。

② 安全规程和程序，包括急救流程。

③ 个人防护装备的正确使用方法。

④ 通风系统和气体监测设备的操作。

⑤ 紧急情况下的撤离计划和应急联系方式。

⑥ 作业步骤和顺序。

（5）个人防护装备：强调个人防护装备的重要性，确保每位参与者了解何时、如何正确佩戴和使用呼吸器、安全带、防护眼镜等装备。

（6）通风和气体检测：详细说明通风设备的使用方法，并指导如何正确设置和操作气体检测设备，以保证作业环境的安全。

（7）急救措施：提供紧急情况下的急救措施，包括人员伤害、中毒、窒息等状况的应对方法，确保参与者了解如何应对可能的紧急情况。

（8）签署安全承诺：要求所有参与者在交底会议结束后签署安全承诺书，表示他们理解并将遵守所有的安全措施和规定。

（9）实施作业：在安全交底会议之后，按照制订的作业计划，进行有限空间作业，确保作业过程中持续遵循安全措施和程序。

（10）持续监测：在有限空间作业期间，保持与作业人员的沟通，定期检测气体浓度、通风状态等，确保作业环境的安全。

7. 安全检查

由于有限空间作业的情况复杂，危险性大，必须指派经过培训合格、持有效的"地下有限空间检查作业"有限空间特种作业操作证的专业人员担任检查工作，并且在作业不同阶段履行相应的职责。

1）作业前

（1）应熟悉作业区域的环境和工艺情况，具备判断和处理异常情况的能力，掌握急救知识。

（2）应对采用的安全防护措施的有效性进行检查，确认作业者个人防护用品选用正确、有效。当发现安全防护措施落实不到位时应及时更正。

2）作业期间

（1）检查者应在有限空间外全程持续检查，工作期间严禁擅离职守。

（2）跟踪作业者作业过程，掌握检测数据，适时与作业者进行有效的作业、报警、撤离等信息沟通。

（3）发生紧急情况时向作业者发出撤离警告，并协助作业者逃生。

（4）检查者应防止无关人员进入作业区域。

8. 发包与分包单位的管理

《安全生产法》《重庆市安全生产条例》等国家、地方相关法律法规中对发包作业管理作出了明确规定。《安全生产法》第四十九条规定，生产经营单位不得将生产经营项目、场所、设备发包或者出租给不具备安全生产条件或者相应资质的单位或者个人。生产经营项目、场所发包或者出租给其他单位的，生产经营单位应当与承包单位、承租单位签订专门的安全生产管理协议，或者在承包合同、租赁合同中约定各自的安全生产管理职责；生产经营单位对承包单位、承租单位的安全生产工作统一协调、管理，定期进行安全检查，发现安全问题的，应当及时督促整改。

因此，不具备有限空间作业安全生产条件的单位，不应实施有限空间作业。如需作业，应将作业发包给具备安全生产条件的单位。有限空间作业安全生产条件，是指满足有限空间作业安全所需的安全生产责任制、安全生产规章制度、操作规程、安全防护设备设施、应急救援设备设施、人员资质和应急处置能力等条件的总称。

根据国家和地方相关规定和要求，发包单位应从以下几个方面做好发包作业管理工作：

1）安全生产条件的审核和存档保存

发包单位在遴选作业单位时，应重点审核以下内容：

（1）是否具有健全有效的有限空间作业安全生产管理制度，至少应建立安全生产责任制、有限空间作业审批制度、有限空间作业安全培训制度、有限空间作业防护设备设施管理制度、有限空间作业现场管理制度、有限空间作业应急管理制度和有限空间作业操作规程。

（2）是否每年开展 1 次以上（包含 1 次）的有限空间作业安全专项培训，并有培训记录。

（3）地下有限空间作业监护者是否具有特种作业操作资格证书，并在有效期内。

（4）是否配备符合国家标准或行业标准要求的安全防护设备设施和应急救援设备设施。

（5）是否制定了有限空间作业事故专项应急预案，并至少每年演练 1 次。

在确定作业单位后，发包单位应将作业单位安全生产条件相关证明材料存档保存。

2）签订有限空间作业安全生产管理协议

实施作业前，发包单位应与作业单位签订有限空间作业安全生产管理协议，对各自的安全生产职责进行约定，协议至少包含以下内容：

（1）双方在场地、设备设施、人员等方面安全管理的职责分工。

（2）双方在承发包过程中的权利和义务。

（3）应急救援设备设施的提供方和管理方。

（4）对突发事件的应急救援职责分工、程序，以及各自应当履行的义务。

（5）其他需要明确的安全事项。

3）发包作业审批

发包单位应对作业单位实施的作业进行审批，并留存审批材料。为了保证作业安全，发包单位应将发包的有限空间作业基本信息如实提供给作业单位，主要包括：

（1）有限空间内部结构特征。

（2）有限空间中盛装或残留物料种类、危害。

（3）与所作业的有限空间相连系统的基本情况。

（4）有限空间周围敷设或安装的管线、设施等情况。

4）各自的安全职责说明

发包单位对其所管辖的有限空间的作业安全承担主体责任。作业单位对其实施的有限空间作业安全承担直接责任。作业期间，发包单位对作业单位有限空间作业安全生产工作统一协调、管理，开展安全检查，发现安全问题的，应及时督促整改。

第十一章 安全操作

有限空间作业主要包括作业审批阶段、作业前准备阶段、作业实施阶段和作业结束阶段。

作业审批阶段：编制作业方案、明确人员职责、作业审批。

作业前准备阶段：安全交底、设备检查、封闭作业区域及安全警示、打开进出口、安全隔离、清除置换、初始气体检测、强制通风、再次检测和人员防护。

作业实施阶段：注意事项、实时检测与持续通风、作业监护、异常情况紧急撤离有限空间。

作业结束阶段：作业人员将全部设备和工具带离有限空间。清点人员和设备，确保有限空间内无人员和设备遗留后，关闭进出口。解除本次作业前采取的隔离、封闭措施，恢复现场环境后安全撤离作业现场。

1. 作业审批阶段

1）编制作业方案

作业前应对作业环境进行安全风险辨识，分析存在的危险有害因素，提出消除、控制危害的措施，编制作业方案，并经本单位相关人员审核和批准。

2）明确人员职责

根据有限空间作业方案，确定作业现场负责人、监护人员、作业人员，并明确其安全职责。根据实际情况，现场负责人和监护人员可为同一人。

3）作业审批

施工单位应严格执行有限空间作业审批制度。作业前对作业方案、人员、设备等方面进行审批，并签字确认，未经审批不得擅自开展有限空间作业。有限空间作业审批单见表 11-1。

表 11-1 有限空间作业审批单

审批单编号		有限空间名称	
作业单位			
作业内容		作业时间	
可能存在的危险有害因素			
作业负责人		监护人员	
作业人员		其他人员	

续表

主要安全 防护措施	1. 制定有限空间作业方案并经审核、批准　□ 2. 参加作业人员经有限空间作业安全相关培训合格　□ 3. 安全防护设备、个体防护用品、作业设备和工具齐全有效，满足要求　□ 4. 应急救援装备满足要求　□
作业现场负责人 意见	作业现场负责人确认以上安全防护措施是否符合要求　　是□　　否□ 作业现场负责人（签字）： 　　　　　　　　　　　　　　　　　　　　　　　　年　月　日
审批负责人 意见	审批负责人是否批准作业　　　　　　　　　　批准□　　不批准□ 审批负责人（签字）： 　　　　　　　　　　　　　　　　　　　　　　　　年　月　日

2. 作业前准备阶段

1）安全交底

作业现场负责人应对实施作业的全体人员进行安全交底，告知作业内容、作业过程中可能存在的安全风险、作业安全要求和应急处置措施等。交底后，交底人与被交底人双方应签字确认。

2）设备检查

作业前应对安全防护设备、个体防护用品、应急救援装备、作业设备和用具的齐备性和安全性进行检查（安全防护设备设施配置可参考附录 C），发现问题应立即修复或更换。当有限空间可能为易燃易爆环境时，设备和用具应符合防爆安全要求。

3）封闭作业区域及安全警示

应在作业现场设置围挡（图 11-1），封闭作业区域，并在作业区域进出口周边显著位置设置安全警示标志或安全告知牌。

图 11-1　作业现场围挡

占道作业的，应在作业区域周边设置交通安全设施［图 11-2（a）］。夜间作业时，作业区域周边显著位置应设置警示灯，人员应穿着高可视警示服［图 11-2（b）］。

（a）交通安全设施　　　　　　　（b）高可视警示服

图 11-2　占道、夜间作业安全警示

4）打开进出口

作业人员站在有限空间外上风侧，打开进出口进行自然通风，如图 11-3 所示。可能存在爆炸危险的，开启时应采取防爆措施；若受进出口周边区域限制，作业人员开启时可能接触有限空间内涌出的有毒有害气体的，应佩戴相应的呼吸防护用品。

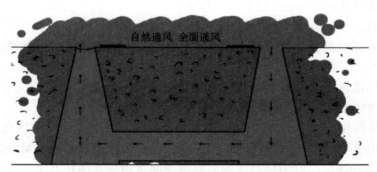

图 11-3　打开有限空间进出口进行自然通风

5）安全隔离

存在可能危及有限空间作业安全的设备设施、物料及能源时，应采取封闭、封堵、切断能源等可靠的隔离（隔断）措施，并上锁挂牌或设专人看管，防止无关人员意外开启或移除隔离设施。

6）清除置换

有限空间内盛装或残留的物料对作业存在危害时，应在作业前对物料进行清洗、清空或置换。

7）初始气体检测

作业前应在有限空间外上风侧，使用泵吸式气体检测报警仪对有限空间内气体进行检测。有限空间内仍存在未清除的积水、积泥或物料残渣时，应在有限空间外利用工具进行充分搅动，使有毒有害气体充分释放。检测应从进出口开始，沿人员进入有限空间的方向进行。垂直方向的检测由上至下，至少进行上、中、下三点检测（图 11-4），水平方向的检测由近至远，至少进行进出口近端点和远端点两点检测。

作业前应根据有限空间内可能存在的气体种类进行有针对性的检测，应至少检测氧气、可燃气体、硫化氢和一氧化碳。当有限空间内气体环境复杂，作业单位不具备检测能力时，应委托具有相应检测能力的单位进行检测。

图 11-4　垂直方向气体检测

检测人员应当记录检测的时间、地点、气体种类、浓度等信息，并在检测记录表上签字。

有限空间内气体浓度检测合格后方可作业。

8）强制通风

经检测，有限空间内气体浓度不合格的，必须对有限空间进行强制通风。强制通风时应注意：

（1）作业环境存在爆炸危险的，应使用防爆型通风设备。

（2）应向有限空间内输送清洁空气，禁止使用纯氧通风。

（3）有限空间仅有 1 个进出口时，应将通风设备出风口置于作业区域底部。

有限空间有 2 个或 2 个以上进出口、通风口时，应在临近作业人员处进行送风，远离作业人员处进行排风，且出风口应远离有限空间进出口，防止有害气体循环进入有限空间。风机、风管的设置如图 11-5 所示。

图 11-5　风机、风管的设置

（4）有限空间设置固定机械通风系统的，作业过程中应全程运行。

9）再次检测

对有限空间进行强制通风一段时间后，应再次进行气体检测。检测结果合格后方可作业；检测结果不合格的，作业人员不得进入有限空间作业，必须继续进行通风，并分析可能造成气体浓度不合格的原因，采取更具针对性的防控措施。

10）人员防护

气体检测结果合格后，作业人员在进入有限空间前还应根据作业环境选择并佩戴符合要求的个体防护用品与安全防护设备，主要有安全帽、全身式安全带、安全绳、呼吸防护用品、便携式气体检测报警仪、照明灯和对讲机等，如图 11-6 所示。

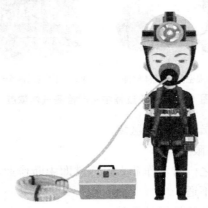

图 11-6　人员防护要求

3. 作业实施阶段

在确认作业环境、作业程序、安全防护设备和个体防护用品等符合要求后，作业现场负责人方可许可作业人员进入有限空间作业。作业过程中，作业人员应正确使用安全防护设备和个体防护用品，并与监护人员进行有效的信息沟通。

1）注意事项

（1）作业人员使用踏步、安全梯进入有限空间的，作业前应检查其牢固性和安全性，确保进出安全。

（2）作业人员应严格执行作业方案，正确使用安全防护设备和个体防护用品，作业过程中与监护人员保持有效的信息沟通。

（3）传递物料时应稳妥、可靠，防止滑脱；起吊物料所用绳索、吊桶等必须牢固、可靠，避免吊物时突然损坏、物料掉落。

（4）应通过轮换作业等方式合理安排工作时间，避免人员长时间在有限空间工作。

2）实时检测与持续通风

作业过程中，应采取适当的方式对有限空间作业面进行实时检测。检测方式有两种：一种是监护人员在有限空间外使用泵吸式气体检测报警仪对作业面进行检测，另一种是作业人员自行佩戴便携式气体检测报警仪对作业面进行个体检测，如图 11-7 所示。

除实时检测外，作业过程中还应持续进行通风。当有限空间内进行涂装作业、防水作业、防腐作业以及焊接等动火作业时，应持续进行机械通风。

3）作业监护

监护人员应在有限空间外全程持续监护，不得擅离职守，主要做好 2 个方面的工作：

（1）跟踪作业人员的作业过程，与其保持信息沟通，发现有限空间气体环境发生不良变化、安全防护措施失效和其他异常情况时，应立即向作业人员发出撤离警报，并采取措施协助作业人员撤离。

(a) 有限空间外气体检测　　　(b) 有限空间内个体检测

图 11-7　作业过程中实时检测气体浓度

（2）防止未经许可的人员进入作业区域。

4）异常情况紧急撤离有限空间

作业期间发生下列情况之一时，作业人员应立即中断作业，撤离有限空间：

（1）作业人员出现身体不适。

（2）安全防护设备或个体防护用品失效。

（3）气体检测报警仪报警。

（4）监护人员或作业现场负责人下达撤离命令。

（5）其他可能危及安全的情况。

4. 作业结束阶段

当完成有限空间作业后，监护人员要确保进入有限空间的作业者全部退出作业场所，清点人数无误，物资、工具无遗漏，方可关闭有限空间盖板、桩孔、洞口等出入口。作业前采取隔离措施的，应解除隔离。然后清理有限空间外部作业环境，上述环节完成之后方可撤离现场。

第十二章　应急救援

第一节　应急预案的编制

专项应急预案是生产经营单位为应对某一类型或某几种类型事故，或者针对重要生产设施、重大危险源、重大活动等内容而制定的应急预案。制定预案的目的是发生事故时，以最快的速度发挥最大的效能，有序实施救援，尽快控制事态发展，降低事故造成的危害，减少事故损失。预案的制定要遵循"以防为主，防救结合"的原则，并充分考虑现有物资、人员、危险源的具体条件等。

有限空间作业事故专项应急预案专门针对有限空间作业事故而制定，有限空间形式多样，不同有限空间的进出口、内部结构以及存在危害因素等不同，救援采用的方案可能不同，作业单位应根据有限空间作业特点，全面辨识有限空间作业中可能遇到的危险有害因素、可能发生的紧急情况，分析事故发生的可能性以及严重程度、影响范围等，制定有限空间作业事故专项应急预案，预案应符合现行国家标准《生产经营单位生产安全事故应急预案编制导则》（GB/T 29639）的规定。有限空间作业事故专项应急预案应至少包含以下内容：

（1）应急指挥机构及职责。根据事故类型，明确应急指挥机构总指挥、副总指挥以及各成员单位或人员的具体职责。应急指挥机构可以设置相应的应急救援工作小组，明确各小组的工作任务及主要负责人职责。

（2）处置程序。明确事故及事故险情信息报告程序和内容、报告方式和责任等内容。根据事故响应级别，具体描述事故接警报告和记录、应急指挥机构启动、应急指挥、资源调配、应急救援、扩大应急等应急响应程序。

（3）处置措施。针对可能发生的事故风险、事故危害程度和影响范围，制定相应的应急处置措施，明确处置原则和具体要求。

第二节　应急救援装备配备与使用

1. 应急救援装备配备

应急救援装备是开展救援工作的重要基础。有限空间作业事故应急救援装备主要包括便携式气体检测报警仪［图 12-1（a）］、大功率机械通风设备［图 12-1（b）］、照明工具［图 12-1（c）］、通信设备［图 12-1（d）］、正压式空气呼吸器［图 12-1（e）］或高压送风式长管呼吸器［图 12-1（f）］、安全帽［图 12-1（g）］、全身式安全带［图 12-1（h）］、安全绳［图 12-1（i）］、有限空间进出及救援系统［图 12-1（j）］、图 12-1（k）、图 12-1（1）］等。上述装备与此前介绍的作业用安全防护设备和个体防护用品并无区别，发生事故后，作业配置的安全防护设备设施符合应急救援装备要求时，可用于应急救援（应急救援设备设施配置可参考附录 D）。

(a) 便携式气体检测报警仪	(b) 大功率机械通风设备	(c) 照明工具
(d) 通信设备	(e) 正压式空气呼吸器	(f) 高压送风式长管呼吸器
(g) 安全帽	(h) 全身式安全带	(i) 安全绳
(j) 三脚架救援系统（垂直方向）	(k) 侧边进入系统（水平方向）	(l) 便携式吊杆系统（水平/垂直方向）

图 12-1 应急救援装备

2. 应急救援装备的使用

（1）培训和熟悉操作：所有作业人员均应接受必要的培训，熟悉应急救援装备的使用方法，包括如何正确穿戴个人防护装备。

（2）实时监测：在作业期间，持续监测气体浓度和环境状况。当气体浓度升高或发生其他不安全情况，应立即采取行动，如撤离或寻求帮助。

（3）紧急撤离：如果出现火灾、有害气体泄漏或其他紧急情况，立即执行撤离计划。使用适当的紧急撤离设备，确保作业人员从有限空间中安全撤离。

（4）急救处置：如果有人员受伤或突发疾病，立即进行急救处置。急救人员应熟悉急救流程，并使用急救设备提供必要的援助。

（5）通知上级：在紧急情况下，及时通知管理人员、救援队或急救人员，报告情况并请求援助。

（6）事后整理：在应急事件处理完毕后，要对事件进行总结和评估，找出问题和改进措施，以提高未来应急响应的效率和效果。

第三节　应急救援方式与程序

1. 应急救援方式

当作业过程中出现异常情况时，作业人员在还具有自主意识的情况下，应采取积极主动的自救措施。作业人员可使用隔绝式紧急逃生呼吸器等救援逃生设备，提高自救成功率［图 12-2（a）］。如果作业人员自救逃生失败，应根据实际情况采取非进入式救援或进入式救援。

1）非进入式救援

非进入式救援［图 12-2（b）］是指救援人员在有限空间外，借助相关设备与器材，安全快速地将有限空间内受困人员移出有限空间的一种救援方式。非进入式救援是一种相对安全的应急救援方式，但需至少同时满足以下 2 个条件：

（1）有限空间内受困人员佩戴了全身式安全带，且通过安全绳索与有限空间外的挂点可靠连接。

（2）有限空间内受困人员所处位置与有限空间进出口之间通畅，无障碍物阻挡。

2）进入式救援

当受困人员未佩戴全身式安全带，也无安全绳与有限空间外部挂点连接，或因受困人员所处位置无法实施非进入式救援时，就需要救援人员进入有限空间内实施救援。进入式救援［图 12-2（c）］是一种风险很大的救援方式，一旦救援人员防护不当，极易出现伤亡扩大。

实施进入式救援，要求救援人员必须采取科学的防护措施，确保自身防护安全、有效。同时，救援人员应经过专门的有限空间救援培训和演练，能够熟练使用防护用品和救援设备设施，并确保能在自身安全的前提下成功施救。若救援人员未得到足够防护，不能保障自身安全，则不得进入有限空间实施救援。

(a) 自救　　　　　(b) 非进入式救援　　　(c) 进入式救援

图 12-2　有限空间事故应急救援方式

2. 应急救援程序

有限空间应急救援程序是一套为了保障作业人员在有限空间内遇到紧急情况时能够安全撤离或获得及时援助的步骤和计划。具体的程序可能会因不同的环境、作业类型和法规而有所不同。在制定和执行应急救援程序时，应遵循相关的法律法规和标准。

（1）紧急通知和呼叫：当发现有限空间内出现紧急情况时，立即触发应急通知，包括通过对讲机、电话或其他通信设备向相关人员发出警报。

（2）作业中止：在紧急情况下，立即停止有限空间内的所有作业，以确保所有人员的安全。

（3）气体检测：使用气体检测报警仪对有限空间内的气体浓度进行检测。如果检测到有害气体浓度升高，立即采取相应措施。

（4）作业人员撤离：作业人员应根据事先制订的撤离计划，迅速而有序地撤离有限空间。确保所有人员都知道撤离路径和出口。

（5）通知上级和救援队伍：作业人员应立即通知管理人员和指定的应急救援队伍，报告紧急情况的细节，并提供准确的位置信息。

（6）环境改善：如果可能，采取措施改善有限空间的环境条件，如通风、排除有害气体等，以便救援人员进入。

（7）救援行动：经过适当的评估和准备，救援队伍可以进入有限空间进行救援。救援队员必须佩戴适当的个人防护装备，并且严格按照预定的程序操作。

（8）急救和医疗援助：如果有作业人员受伤或感到不适，救援队伍应提供急救和医疗援助，确保伤者得到适当的治疗。

（9）事件记录和调查：在应急救援后，进行事件记录，包括紧急情况的细节、采取的措施和结果。随后进行调查，找出事故原因，并制定措施防止类似情况再次发生。

注意事项：

（1）应急救援程序应在事前进行培训和演练，以确保所有人员都了解程序并能够迅速采取行动。

（2）所有作业人员和救援队员都应熟悉应急设备的使用和操作方法。

（3）涉及的法规和标准应随时更新，并纳入应急救援程序中。

（4）在有限空间作业中，应急救援程序是保障人员安全的关键措施之一。为了最大限度地降低风险，确保作业人员的生命安全，公司和团队应严格遵循这些程序，并定期进行演练和改进。

第四节　紧急救护基础知识

在作业现场发生生产安全事故后，如果能在第一时间及时采取科学、正确的现场急救方法，就可以大大降低受伤人员的死亡率，也可以减少受伤人员伤愈的后遗症。因此，相关作业人员都应熟悉并掌握现场急救的简单方法，以便在事故发生以后及时进行自救、互救。

现场急救的基本原则是"先救命后治伤"。事故发生后，应首先考虑挽救受伤人员的生命。受到伤害的人员脱离有限空间后，急救人员在呼救的同时，应尽快采取一些正确、有效的救护方法对伤者进行急救，为挽救生命、减少伤残争取时间。

注意：伤者必须转移到安全、空气新鲜处后才能进行现场急救，以保障伤者和急救人员在救援过程中的安全。

1. 现场急救的特点和原则

1）现场急救的特点

（1）突然发生，思想上无准备。

需要进行现场急救的往往是在人们预料之外的突发疾病或意外伤害事故中出现的急危重症伤病员。有时是个别的，有时是成批的；有时是分散的，有时是集中的。伤病员多为生命垂危者，往往现场没有专业医护人员，这时，不仅需要在场人员进行急救，还需要呼请场外更多的人参与急救。做到群众急救知识普及化、社区急救组织网络化、医院急救专业化、急救指挥系统科学化是完成现场急救工作的关键。

（2）情况紧急，须分秒必争。

突发意外事故后，伤病员可能会多器官同时受损、病情垂危。不论是伤病员还是家属，他们的求救心情都十分急切。伤病员心跳、呼吸骤停，如果在 4 min 内开始进行心肺复苏术，有 50% 的伤病员可能被救活；一旦心跳、呼吸骤停超过 4 min，脑细胞将发生不可逆转的损害。10 min 后开始接受心肺复苏术者几乎不能存活。因此，时间就是生命，必须分秒必争，立即采用心肺复苏术抢救心跳、呼吸骤停者，采用止血、固定等方法抢救大出血、骨折等病危者。

（3）病情复杂，难以准确判断。

意外事故发生时，伤病员身上可能有多个系统、多个器官同时受损。急救人员需要具有丰富的医学知识、过硬的医疗技术才能完成现场急救任务。在有的灾害现场虽然伤病员比较少，但灾害通常是在紧急的情况下发生的，甚至伤病员身边无人，更无专业医护人员，伤病员只能进行自救或依靠"第一目击者"进行现场急救。

（4）条件简陋，需就地取材。

现场急救通常是在缺医少药的情况下进行的，没有齐备的抢救器材、药品和转运工具。因此，要机动、灵活地在伤病员周围寻找代用品，通过就地取材来获得消毒液、绷带、夹板、担架等。否则，就会错过急救时机给伤病员造成更大的伤害，甚至不可挽回的后果。

2）现场急救的原则

现场急救的任务是采取及时、有效的急救措施和技术，最大限度地减轻伤病员的痛苦，降低致残率和致死率，为医院抢救打好基础。经过现场急救能存活的伤病员优先抢救，这是总的原则。在现场，还必须遵守以下原则：

（1）先复苏，后固定。

遇有心跳、呼吸骤停且伴有骨折者，应首先采取心肺复苏术，直到心跳、呼吸恢复后再进行骨折固定。

（2）先止血，后包扎。

遇到大出血且有伤口者，首先立即用间接指压法、止血带止血法等方法进行止血，接着消毒伤口并进行包扎。

（3）先救重伤病员，后救轻伤病员。

遇到垂危的和较轻的伤病员时，优先抢救伤病危重者，后抢救伤病较轻者。

（4）先急救，后转运。

过去遇到伤病员，多数是先送后救，这样可能会错过最佳抢救时机，造成不应有的死亡或致残。现在应颠倒过来，先救后送。在送伤病员到医院的途中，不要停止实施抢救，应继续观察病情变化，少颠簸，注意保暖，快速、平安地到达目的地。

（5）急救与呼救并重。

凡遇到急危重症伤病员，必须急救与呼救同时进行。在遇到成批伤病员时，应较快地争取到大量急救外援。大量外援到达后，应在意外事故现场指挥部的统一领导下，有计划、有组织地进行抢救、分类、转送伤病员等工作。

（6）对伤病员的心理关怀。

由于突发疾病或意外伤害，伤病员往往没有足够的心理准备，会出现紧张、恐惧、焦虑、忧郁等心理反应。此时急救人员应保持镇静，因为紧张而有序的救护活动会使伤病员产生一种心理慰藉和信任。同时，应关怀、安慰伤病员，使其保持镇静，以积极的心态配合急救人员的救护工作。

2. 现场急救的基本环节

1）现场评估

在紧急情况下，通过实地感受，用眼睛、耳朵、鼻子等对异常情况进行现场评估，以便遵循现场急救行动的程序，利用现场的人力和物力实施救护。评估时必须迅速控制情绪，尽快了解情况，并在数秒钟内完成评估，然后寻求医疗帮助。

（1）评估现场情况。

先评估患者是否仍身处险境、有无生命危险、致伤原因、受伤人数等，然后判断现场可以利用的资源，以及需要何种支援、可以采取哪些现场急救行动。

（2）评估安全保障。

在进行现场急救时，造成意外的原因可能会对参与现场急救的人员产生危险，所以，应首先确保自身安全。例如，地震时要注意发生余震；对触电者的现场急救，必须首先切断电源，然后才能采取现场急救措施，以保障安全。在现场急救中，不要试图兼顾太多的工作，以免使伤病员及自身陷入险境。要清楚自己能力的极限，尽量确保急救现场的安全。

（3）个人防护设备。

"第一目击者"在现场进行急救护理时，应尽可能使用个人防护用品，以阻止病原体或毒物进入身体。在可能的情况下，用呼吸面罩、呼吸膜等实施人工呼吸，戴医用手套、眼罩、口罩等个人防护品。个人防护设备必须放在容易获取的地方，以便于现场急用。

2）判断病情

"第一目击者"发现伤病员，尤其是处在情况复杂的现场时，应该沉着、镇静地观察患者的病情，在短时间内做出病情判断。本着先抢救生命后减少伤残的急救原则，先对患者的生命体征（包括意识、呼吸、脉搏、心跳、瞳孔）进行观察判断，然后检查局部有无创伤、出血、骨折畸形等。具体检查顺序如下：

（1）检查意识是否存在。

患者意识丧失，尤其是突然间意识丧失时，通常会出现全身肌肉松弛，就地摔倒。检查方法：大声喊伤病员的名字或呼叫，并轻拍伤病员的双侧肩部及掐人中（"一喊二拍三掐人中"）；对婴儿，可拍击其足底或掐捏上臂（图12-3）。如无睁眼、呻吟、肢体活动反应，即可确定其意识丧失，已陷入危重状态。此时要保持伤病员呼吸道畅通，谨防窒息。不能猛烈摇晃伤病员，特别是对怀疑有脑外伤、脑出血、脊柱损伤的患者。如伤病员意识清醒，应尽量记下其姓名、住址、与家人联系的方式、受伤时间和受伤经过等情况。

拍打双肩　　　拍打足底

图 12-3　检查患者意识

（2）检查心跳、脉搏是否停止。

正常人心跳频率为 60～100 次/min。严重的心律不齐、急性心肌梗死、大量失血以及其他急危重症患者，常有胸闷、心慌、气短、剧烈胸疼等先兆表现，这时心跳多不规律，触摸脉搏常感到脉细而弱、不规则。若患者出现口唇发绀、意识丧失，则多说明心脏已陷入严重衰竭阶段，可有心室纤维性颤动（室颤）。如患者脉搏随之更慢，迅速陷入昏迷并倒地、脉搏消失，预示心跳停止。

① 触摸颈总动脉法。由于颈总动脉较粗，且离心脏最近，又容易暴露，便于迅速触摸，所以常用触摸颈总动脉的方法来判断患者心跳是否停止。检查颈部脉搏时，将食指和中指指尖放置于伤者靠近检查者一边的喉头边上，从而触摸其搏动（图12-4）。

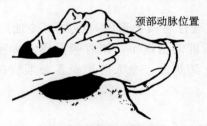

图 12-4　检查颈部脉搏

② 触摸股动脉法。检查腹股沟区脉搏时，将食指和中指指尖压在腹股沟中间位置（图12-5）。

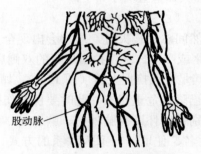

图 12-5　股动脉位置

③ 触摸手腕动脉（桡动脉）法。检查手腕动脉（桡动脉）时，将食指和中指两指指尖按压在伤员手腕拇指一侧（图12-6）。

图 12-6　检查手腕动脉

④ 触摸内踝后动脉（胫后动脉）法。检查内踝后动脉（胫后动脉）时，将食指和中指两指指尖按压在内踝后侧（图12-7）。

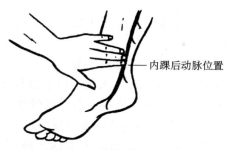

图 12-7　检查内踝后动脉

⑤ 直接听心跳。有时患者心跳微弱，血压下降，脉搏摸不清楚，尤其是怀疑患者出现严重情况、心跳发生显著变化时，救护人员可以用耳朵贴近其左胸部（左乳头下方），倾听有无心跳。

（3）检查呼吸是否停止。

正常人呼吸频率为 16～20 次/min。生命垂危患者呼吸变快或变浅或不规则。患者陷入垂危状态时或临死前，呼吸变得缓慢、不规则，直到停止。判断呼吸是否停止可用"一看二听三感觉"的方法："一看"是指观察胸廓的起伏。"二听"是指侧头用耳尽量接近患者的口鼻部，听有无气流声音。"三感觉"是指在听的同时，用脸颊感觉有无气流呼出。如胸廓有起伏，并有气流声音及气流感，说明尚有呼吸存在；反之，则说明呼吸已经停止。判断有无呼吸要在 5～10 s 内完成。如无呼吸，就要立即进行心肺复苏。这是在现场救护时推荐使用的方法。

（4）检查瞳孔大小。

瞳孔位于虹膜正中，呈黑色。外界光线强时，瞳孔会缩小；反之，瞳孔则会自动放大。正常瞳孔直径一般为 3～5 mm；小于 2 mm 为缩小，见于有机磷类农药中毒等；强光下瞳孔直径大于 5 mm，称为瞳孔散大，见于阿托品中毒、深昏迷、临终前或已死亡者。

（5）判断总体情况。

所谓总体情况，是指当我们见到急危重症患者时的"第一印象"，再加上经过一些必要的观察与检查所做出的判断。除了检查生命体征外，还要根据病情对患者头颈部、胸部、腹部、骨盆、脊柱及四肢进行检查。在检查中要充分暴露患者身体各部位，迅速检伤，以利于发现是否有直接危及患者生命的症状和体征。

3）紧急呼救

呼救有 2 种方式。一种是单独一人进行现场急救时，如果他人可能听见呼救声，就大声呼喊身边或附近的人来帮助实施现场急救；如果有手机在身，则实施 1～2 min 心肺复苏后，在抢救间隙拨打呼救电话。另一种是当有其他人在场时，要分工协作，由有急救经验的人施救，同时其他人拨打急救电话，并向急救中心简述病情，以利于急救人员做好救护准备。

急救电话"120"是免费直拨电话。"120"的终端是各个地区的急救中心。打通电话后，急救中心的专业人员会根据病情尽快派出医务人员和救护车。

电话呼救是指通过电话求救于附近急救站、医疗单位、有关政府机关（发生大批伤病员时），是急救的重要措施。在伤病员多而现场急救人员少的情况下，要通知政府机关出面组织指挥。派医护人员前来抢救是争取时间的较好方法。在用电话呼救时应注意以下几个方面：

① 记住急救电话号码"120"，以请求急救外援。

② 接通电话后，把伤病员发生的原因、人数、目前最危重的情况（如昏迷，心跳、呼吸停止）、正在抢救的情况告诉"120"急救中心，以供参考。如果有大批伤病员，还应请求对方协助向有关方面呼救，争取相关部门参与援助。

③ 详细告诉"120"急救中心报告人的联系电话，急症伤病员的姓名、性别、年龄、住址（包括区、街道、门牌号或乡、镇、村）以及周围的明显标志物等。如果伤病员是儿童，还应将其家长姓名、联系电话告诉"120"急救中心。如果伤病员不能行走且身边无人能抬时，可向"120"急救中心要求派出担架员。

④ 一定要听清"120"急救中心的答复内容。如果"120"急救中心派出救护车，最好有人到附近路口等候，为救护车引路，以免耽误时间。同时准备好住院用品，包括必要的衣物、既往的病历和近期的心电图及有关 X 线片、CT 片等，并备好急救住院费。

⑤ 如果直接将伤病员送往医院、急救站，要问清路途和注意事项。

⑥ 伤病员如果独自一人在现场且意识清醒，可自己拨打急救电话"120"，同样把自己的姓名、病情、地址等详细情况告诉急救中心，请求速来急救，并呼请邻居紧急协助。

4）自救与互救

相对于医务人员的"他救"，自救与互救的主体可能是伤病员本人，也可能是伤病员身边的人，如亲朋、同事或见义勇为的陌生人等。

3．心肺复苏术

1）心肺复苏术（CPR）的概念

心肺复苏术（CPR）是指当任何原因引起急危重症伤病员心跳和呼吸骤停时，在现场徒手维持心跳及呼吸骤停者的人工循环和呼吸的最基本的抢救方法，其目的是保护伤病员的脑和心脏等重要脏器，并尽快恢复其主动循环呼吸功能。

2）心肺复苏术的作用和意义

（1）预防心脏停搏。

心肺复苏术适用于抢救各种原因引起的猝死者，即突然发生心跳和（或）呼吸骤停的伤病员。心脏一旦停搏，血液循环停止，体内储存的氧在 4~6 min 内即耗竭。当呼吸首先停止时，心脏尚能排血数分钟，肺和血液中储存的氧可继续循环于脑和其他重要器官。因此，对呼吸停止或气道阻塞的伤病员及时进行抢救，可以预防心脏停搏。

（2）保证人脑供氧，避免脑细胞死亡。

人体大脑是高度分化和耗氧最多的组织，对缺氧最为敏感。脑组织的质量虽然只占体质量的 2%，其血流量却占心输出量的 15%，而耗氧量则占全身耗氧量的 20%。儿童和婴儿的脑耗氧量占全身耗氧量的比例更高达 50%。在正常温度时，当心跳骤停 3 s 时，人就会感到头晕；心脏骤停 10~20 s 时即可发生晕厥或抽搐；心脏骤停 30~45 s 时可出现昏迷、瞳孔散大；心脏骤停 60 s 后呼吸停止、大小便失禁；心脏骤停 4~6 min 后脑细胞开始发生不可逆转的损害；心脏骤停 10 min 后脑细胞死亡。因此，为挽救生命，避免脑细胞死亡，要求在心跳骤停 4 min 内对伤病员进行现场心肺复苏术。复苏的成功不仅在于使心跳、呼吸恢复，更重要的是使大脑的正常功能恢复。越早开始实施心肺复苏术，复苏的成功率就会越高。

3）心肺复苏术的实施过程

心肺复苏术包括 4 个主要步骤，即胸外按压（circulation）、开放气道（airway）、人工呼吸（breathing）和除颤（defibrillator）（简称 C、A、B、D）。心肺复苏术流程如图 12-8所示。

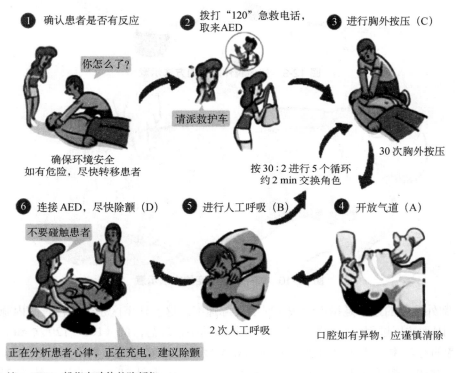

注：AED 一般指自动体外除颤仪。

图 12-8　心肺复苏术流程

（1）胸外按压。为了使按压效果达到最佳，应将患者以仰卧位放置在一个硬质平面上，施救人员或跪在患者胸侧或站在床侧（图 12-9）。施救人员将一只手的掌根放在患者胸部中央（胸骨中下半部），然后将另一只手的掌根叠放在第一只手上，两手平行叠扣。肘关节伸直，凭借体重、肩、臂之力垂直向患者脊柱方向按压。按压时手指不可触及胸壁，避免压力传至肋骨引起骨折。

① 胸外按压定位。对成人心脏骤停的患者，胸外按压手的位置应为胸骨下 1/3。胸外按压部位常用的定位方法：一种是两乳头连线的中点部位；另一种是沿患者的靠近抢救者一侧的肋弓下缘，向上滑行至两侧肋弓的会合点（胸骨下切迹），将中指定位于胸骨下切迹处，食指与中指并拢；另一手的掌根平放并紧靠在食指旁，即胸骨的中 1/3 与下1/3 段交界处（图 12-10）。

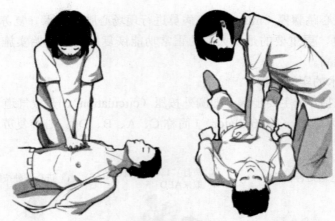

图 12-9 实施胸外按压的方法示意

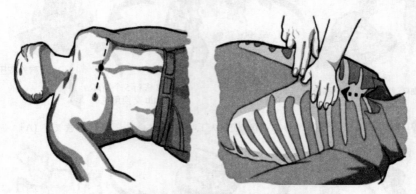

图 12-10 胸外按压的定位方法示意

② 胸外按压的速率是指连续按压时的实际速率。这一速率区别于单位时间内施予的按压次数，因为按压过程中有中断。人工胸外按压速率在理想区间（100～120 次/min），可以提高患者的存活率。人工胸外按压的速率和深度相互依赖，速率大于 120 次/min 时深度会递减。例如，按压速率在 100～119 次/min 时，深度不足 38 mm 的按压约为 35%；按压速率在 120～139 次/min 时，深度不足 38 mm 的按压增至 50%；按压速率超过 140 次/min 时，深度不足 38 mm 的按压增至 70%。

③ 胸外按压深度影响胸内压的升高，进而影响血流从心脏和大血管进入循环系统。按压深度不小于 5 cm，但应设置上限值，超过此值反而会影响效果。有研究认为，有助于提高存活率的最佳按压深度为 41～55 mm。在人工心肺复苏过程中，相比于 5～6 cm，超过 6 cm 更容易造成伤害。婴儿和儿童为胸廓前后径的 1/3，儿童约 5 cm，婴儿约 4 cm。

④ 胸壁回弹可产生相对的胸内负压，促进静脉回流和心肺血液流动。胸部按压和回弹/放松时间应大致相等。每次按压后容许胸壁完全回弹。胸壁充分回弹是指在心肺复苏按压放松阶段，胸骨恢复至自然位置。研究表明，胸壁不能完全回弹的现象非常普遍，尤其是当施救人员筋疲力尽时。在实施按压时操作者的手倚靠在胸壁上会阻止胸壁的充分回弹。胸壁回弹不充分可增加胸内压，减少静脉回流、冠状动脉灌注压和心肌血流

量，从而影响心肺复苏的效果。

⑤ 尽量减少胸外按压的中断时间，停止胸外按压时，心脏和大脑的血流量会显著减少。恢复按压后，需要按压数次才能将心脏和大脑的血流量提升至中断前的水平。因此，频繁中断胸外按压、中断时间越长，心脏和大脑获得的血液供应越少。每分钟按压次数取决于胸外按压速率，以及开放气道、人工呼吸和 AED 检查的次数和时间。胸外按压分数是指心脏骤停过程中胸外按压所占时间的比例。尽量减少胸外按压的中断可提高胸外按压分数。

在心脏骤停初始阶段，人工呼吸不如胸外按压那么重要，因为在心脏骤停的前几分钟内血液里含有的氧气含量尚能满足机体功能的需求，很多心脏骤停患者仍有喘息，另外气体交换也提供了部分氧气并将二氧化碳排出。在气道处于开放的情况下，在胸外按压的放松阶段也有部分气体交换。旁观者只做胸外按压，心肺复苏的效果并不低于传统的心肺复苏（胸外按压+人工呼吸）。

（2）开放气道。

① 开放气道给予人工呼吸可以加强氧合作用和通气。然而，这些操作具有一定的技术难度且会中断胸外按压，尤其是对未经专业培训的单个施救人员。因此，未经培训的施救人员可以只做胸外按压（只按压，不通气），而有能力的单个施救人员应开放气道，给予人工呼吸。如果患者极有可能是由窒息引起（如婴儿、儿童或溺水者），则应给予通气。开放气道是有效心肺复苏的重要环节，只有使气道开放才能保证有效地吸入氧气和排出二氧化碳。当患者意识丧失后，舌根后坠导致气道阻塞（图 12-11），因此施救人员应将患者仰卧于坚硬平面上，如桌面、楼板、地面，采取适当方法使舌根离开咽后壁，保持气道通畅（图 12-12）。

图 12-11 舌根阻塞气道

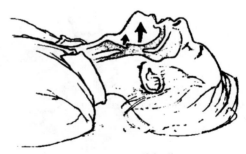

图 12-12 开放气道

开放气道的方法：

a. 仰头提颏法：接受过培训的非专业人员如果能够同时进行胸外按压和通气，则可以采用仰头提颏法开放气道。仰头提颏法的操作要点：施救人员将一手放在患者前额，手掌用力向后推额头；另一手的食指和中指置于下颌将下颌骨上提，使患者头部后仰，以使下颌角与耳垂的连线和地面垂直为宜（图 12-13）。操作时，手指不要压颏下软组织，以免阻塞气道。不要使患者的嘴巴完全封闭。如果双唇紧闭，可用拇指推开下唇，使嘴巴张开。对于创伤和非创伤的患者，均推荐使用该方法开放气道。

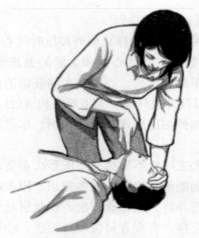

图 12-13　仰头提颏法开放气道

b. 推举下颌法：对于疑似颈椎损伤的患者，施救者首先应人工限制脊柱移位（如在患者脸侧各用一手进行固定），而不是使用固定设备，因为旁观者使用固定设备有可能造成伤害。颈椎固定设备有可能影响患者气道的开放，转运时可以使用设备以保证颈椎对齐。如果怀疑有颈椎损伤，则可在不拉伸头部的情况下使用推举下颌法开放气道。

推举下颌法操作要点：施救人员将肘部支撑在患者所处的平面上，双手放置在患者头部两侧并握紧下颌角，同时用力向上托起下颌（图 12-14）。由于在心肺复苏中维持气道畅通和给予充分的通气非常重要，若推举下颌法不能充分地开放气道，则仍应采取仰头提颏法。

图 12-14　推举下颌法开放气道

在检查口腔内有无异物时，采用眼睛观察，不要盲目地将手指探入患者口腔内摸索，以避免被意外咬伤或刺激咽喉部引起呕吐反射。如果口腔内有液态呕吐物，可将患者头部歪向一侧，使其流出。

（3）人工呼吸。

① 口对口人工呼吸是最简易的现场抢救措施，可为患者供氧并通气，常作为首选。在口对口人工呼吸时，施救者位于患者一侧，首先使患者呈平卧位，头后仰打开气道。然后用手将下颌向前上方托起，另一手的拇指、食指捏紧患者鼻孔，口对口呈密封状

态，吹气不短于 1 s。正常吸气（不必深呼吸）后，再给予第二次吹气（图 12-15）。正常吸气（不必深呼吸）可以预防施救人员出现头晕眼花并防止患者肺内过度充气。通气困难最常见的原因是气道开放不正确。如果第一次人工呼吸后未见患者胸廓起伏，则应再次使用推举提颏法调整患者头部位置，进行第二次人工呼吸。

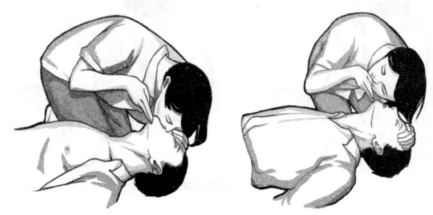

图 12-15　口对口人工呼吸

对于只需要通气的尚有自主循环（可触及有力的脉搏）的成人患者，可按 6 s 1 次呼吸（每分钟 10 次呼吸）的速率给予人工呼吸。每次吹气的时间均要超过 1 s。每次吹气都能产生可见的胸廓起伏。

② 有些人可能不愿意进行口对口人工呼吸，而选择使用隔离装置。使用隔离装置时，施救人员不应因此而造成胸外按压的延误。便携面罩通常有一个单向阀门，可阻止患者呼出的气体、血液或分泌物进入施救者的口腔。使用便携面罩时，施救者位于患者的一侧，以鼻梁为参照，将面罩放置在患者面部，一只手的食指和拇指扣压在面罩的边缘；另一只手的拇指按压在面罩的边缘，其余手指放在患者下颌骨缘并提起下颌。完全按住面罩的边缘，使面罩边缘密封面部。吹气超过 1 s，使患者胸廓抬起。

③ 如果不能通过患者口腔进行通气，例如口腔有严重损伤，溺水者口腔不能打开，或口对口难以密封，可考虑口对鼻通气。进行口对鼻通气时，应闭紧嘴巴。对于婴儿，可采用口对鼻通气。

④ 借助自动膨胀球囊，施救者可以进行球囊面罩通气，给予空气或氧气。面罩为透明材料，便于观察反流。与面部有很好的密封性，同时罩住口鼻。

球囊面罩通气是一项具有一定难度的技术，需要进行专业训练才能熟练应用。单人施行心肺复苏时不推荐使用球囊面罩通气，由 2 名经过培训后有经验的施救人员实施效果最好。一名施救人员开放气道，将面罩紧紧罩住患者口鼻部；另一名施救人员挤压球囊。操作完毕后两人同时观察有无可见的胸廓起伏（图 12-16）。

（4）除颤。

心脏骤停患者在初期有 85%～90%的是心室颤动。针对心脏骤停发生的这一特征，自动体外除颤仪（AED）技术应运而生。AED 是轻型便携式、精密可靠的电脑化设备，能够自动识别需要电击的异常心律，借助语言和视觉提示，指导非专业人员对心室颤动和无脉性室性心动过速的心脏骤停患者进行安全除颤，终止异常心律，并使心脏的正常节律得以恢复（图 12-17）。

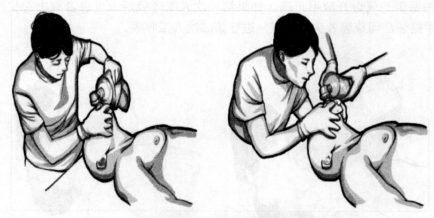

图 12-16　球囊面罩通气

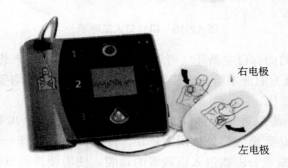

右电极

左电极

1—电源开关；2—液晶显示；3—电击按钮。

图 12-17　自动体外除颤仪（AED）

①　AED 的作用：电除颤是以一定能量的电流冲击心脏从而使心室颤动终止的方法，是心脏骤停抢救中必要的、有效的抢救措施。在电除颤时，除颤仪瞬时释放强大的电脉冲，使全部心肌在同一时间完成除极，导致心律失常的异常兴奋灶及折返环被完全"消灭"，全部心肌在瞬间处于心电静止状态。这样窦房结就获得了重新主导心脏节律的机会。

②　AED 操作流程：使患者处于仰卧位，AED 放置于患者头部一侧，便于粘贴电极片和除颤操作，也便于其他人员在患者另一侧实施心肺复苏（图 12-18）。

a. 开通电源：按下电源开关，可听到语音提示，根据提示进行操作。

b. 粘贴电极片：迅速把电极片粘贴在患者胸部，一个电极放在患者右上胸壁（锁骨下方）；另一个电极放在左乳头外侧。在粘贴电极片时尽量减少心肺复苏的中断。若患者在水中，则应将患者从水中拉出。若患者出汗较多，应事先用衣服或毛巾擦干皮肤。若患者胸毛较多，会妨碍电极与皮肤的有效接触，可用力压紧电极。若无效，应剔除胸毛后再粘贴电极。具有高度心脏骤停风险的患者可能已植入起搏器，并在胸部上方或腹部的皮肤下可见隆起的硬块，AED 电极片不可直接粘贴在心脏起搏器上方。若在要粘贴电极片的部位有药物贴片，在不延误电击的前提下，应将其揭除并擦拭干净，以免影响电击效果或灼伤皮肤。

c. 分析心律：施救人员和其他旁观者应确保不与患者接触，避免影响 AED 分析心律。心律分析需要 5～15 s。如果患者发生心室颤动，AED 会语音提示建议除颤。

d. 电击除颤：按电击键前必须确定已无人接触患者，或大声宣布"离开"。除颤后立即继续胸外按压（使中断时间缩至最短）。如果无须电击，也应立即继续胸外按压及心肺复苏。

e. 按提示除颤结束后，无须关闭 AED 电源。

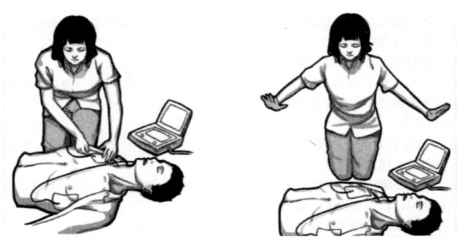

图 12-18　AED 除颤操作

4. 复原（侧卧）位

心肺复苏成功后或无意识但恢复呼吸及心跳的伤病员，将其翻转为复原（侧卧）位。

步骤一：救护员位于伤病员一侧，将靠近自身的伤病员的手臂肘关节屈曲成 90°，置于头部侧方。

步骤二：另一手肘部弯曲置于胸前（图 12-19）。

步骤三：将伤病员远离救护员一侧的下肢屈曲，救护员一手抓住伤病员膝部，另一手扶住伤病员肩部，轻轻将伤病员翻转成侧卧势（图 12-20）。

图 12-19　手肘部弯曲置于胸前

图 12-20　翻转成侧卧势

步骤四：将伤病员置于胸前的手掌心向下，放在面颊下方，将气道轻轻打开（图 12-21）。

图 12-21　翻转后急救

5. 创伤救护

创伤是各种致伤因素造成的人体组织损伤和功能障碍。轻者造成体表损伤，引起疼痛或出血；重者导致功能障碍、残疾，甚至死亡。

创伤救护包括止血、包扎、固定、搬运 4 项技术。

遇到出血、骨折的伤病员，救护人员首先要保持镇静，做好自我保护，迅速检查伤情，快速处理伤病员，同时呼救并拨打急救电话。

1）止血技术

出血，尤其是大出血，属于外伤的危重急症，若抢救不及时，伤病人会有生命危险。止血技术是外伤急救技术之首。

现场止血方法常用的有 4 种，使用时根据创伤情况，可以使用一种，也可以将几种止血方法一起使用，以达到快速、有效、安全地止血的目的。

（1）指压止血法。指压止血法可分为以下 2 种（图 12-22）。

直接压迫止血：用清洁的敷料盖在出血部位上，直接压迫止血。

间接压迫止血：用手指压迫伤口近心端的动脉，阻断动脉血运，能有效达到快速止血的目的。

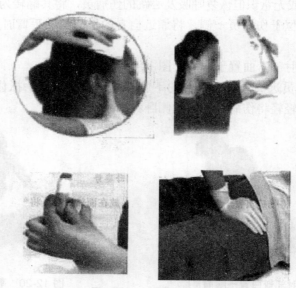

图 12-22　指压止血法

（2）加压包扎止血法。用敷料或其他洁净的毛巾、手绢、三角巾等覆盖伤口，加压包扎达到止血的目的（图 12-23）。

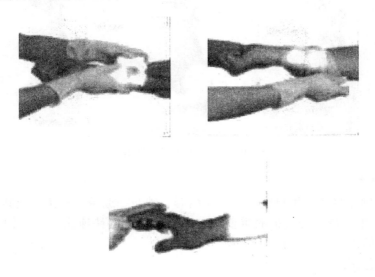

图 12-23　加压包扎止血法

（3）填塞止血法。用消毒纱布、敷料（如果没有，用干净的布料替代）填塞在伤口内（图 12-24），再用加压包扎止血法包扎。

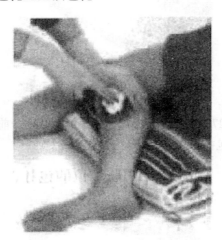

图 12-24　填塞止血法

注意：救护员和施救人员只能填塞四肢的伤口。

（4）止血带止血法。上止血带的部位在上臂上 1/3 处、大腿中上段（图 12-25），此法为止血的最后一种方法，操作时要注意使用的材料、止血带的松紧程度、标记时间等问题。

注意：施救人员如遇到有大出血的伤病人，一定要立即寻找防护用品，做好自我保护。迅速用较软的棉质衣物等直接用力压住出血部位，然后拨打急救电话。

图 12-25　止血带止血法

2）包扎技术

快速、准确地将伤口用自粘贴、尼龙网套、纱布、绷带、三角巾或其他现场可以利用的布料等包扎，是外伤救护的重要环节。它可以起到快速止血、保护伤口、防止污染、减轻疼痛的作用，有利于转运和进一步治疗。

（1）绷带包扎。

① 手部"8"字包扎（图 12-26）也适用于肩、肘、膝关节、踝关节的包扎。

图 12-26　手部"8"字包扎

② 螺旋包扎（图 12-27）适用于四肢部位的包扎，对于前臂及小腿，由于肢体上下粗细不等，采用螺旋反折包扎，效果会更好。

图 12-27　螺旋包扎

（2）三角巾包扎。

① 头顶帽式包扎（图 12-28）适用于头部外伤的伤员。

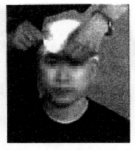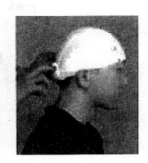

图 12-28　头顶帽式包扎

② 肩部包扎（图 12-29）适用于肩部有外伤的伤员。

③ 胸背部包扎（图 12-30）适用于前胸或后背有外伤的伤员。

图 12-29　肩部包扎　　　　　　　　　　图 12-30　胸背部包扎

④ 腹部包扎（图 12-31）适用于腹部或臀部有外伤的伤员。

图 12-31　腹部包扎

⑤ 手（足）部包扎（图 12-32）适用于手部或足部有外伤的伤员，包扎时一定要将指（趾）分开。

⑥ 膝关节包扎（图 12-33）同样适用于肘关节的包扎，比绷带包扎更省时，包扎面积大且牢固。

注意： 在事发现场，施救人员遇到人员受伤时，应尽快选择合适的材料对伤员进行简单包扎，然后拨打"120"。

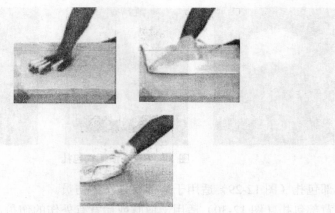

图 12-32　手部包扎

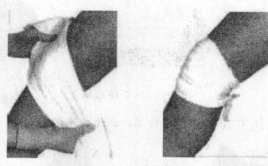

图 12-33　膝关节包扎

特殊伤的处理如下：

（1）颅脑伤。当颅脑损伤、脑组织膨出时，可用保鲜膜、软质的敷料盖住伤口，再用干净碗扣住脑组织，然后包扎固定，伤员取仰卧位，头偏向一侧，保持气道通畅。

（2）开放性气胸。应立即封闭伤口，防止空气继续进入胸腔，用不透气的保鲜膜、塑料袋等敷料盖住伤口，再垫上纱布、毛巾包扎，伤员取半卧位。

（3）异物插入。无论异物插入眼球还是插入身体其他部位，都严禁将异物拔除，应将异物固定好，再进行包扎。

注意： 对于特殊伤的处理，施救人员一定要掌握好救护原则，不增加伤员的损伤及痛苦，严密观察伤员的生命体征（意识、呼吸、心跳），迅速拨打"120"。

3）固定技术

骨折固定可防止骨折端移动，减轻伤员的痛苦，也可以有效地防止骨折端损伤血管、神经。

尽量减少对伤病员的搬动，迅速对伤病员进行固定，尽快拨打"120"，以便医护人员在最短时间内赶到现场处理伤病员。

骨折现场固定法：

（1）前臂骨折固定：利用夹板固定或利用身边可取到的方便器材固定，见图 12-34。

（2）小腿骨折固定：可利用健肢进行固定，见图 12-35。

（3）骨盆骨折固定，见图 12-36。

图 12-34　前臂骨折固定　　图 12-35　小腿骨折固定　　　　图 12-36　骨盆骨折固定

4）搬运技术

经现场必要的止血、包扎和固定后，方能搬运和护送伤员，按照伤情严重者优先，中等伤情者次之，轻伤者最后的原则搬运。

搬运伤员可根据伤病员的情况，因地制宜，选用不同的搬运工具和方法。在搬运全过程中，要随时观察伤病员的表情，监测其生命体征，遇有伤病情恶化的情况，应该立即停止搬运，就地救治。

搬运方法：可选用单人搬运、双人搬运及制作简易担架搬运，担架可选用椅子、门板、毯子、衣服、绳子、竹竿、梯子等代替（图 12-37）。

图 12-37　搬运

对怀疑有脊柱骨折的伤病员必须采用"圆木"原则进行搬运，即使脊柱保持中立（图 12-38）。

图 12-38　"圆木"原则搬运

第十三章　典型案例分析

（一）某市有限空间作业安全生产形势

1. 某市有限空间事故情况

2019 年以来，某市发生 20 起涉及污水管网建设、维修的伤害事故，造成 27 人死亡，其中中毒窒息死亡事故 5 起，死亡 10 人，特别是 2022 年以来连续发生"某新区'3·13'中毒涉险事故""某区'3·19'中毒窒息事故"，对人民生命财产造成巨大损失。

2. 中毒事故原因分析

1）事故发生经过和应急救援情况

（1）事故发生经过。

2022 年 3 月 19 日 13:00，泥工班组三名作业人员倪××（班组长）、刘××（普工）、程××（普工）根据商××（施工员）当日早上的工作安排，前往某区污水处理厂三期扩建工程外管网 15# 检查井准备进行抽水作业。

13:23，程××、刘××揭开 15# 检查井井盖，倪××用锥形桶制作现场警戒；倪××和刘××随即用绳子将抽水泵准备放至井底进行抽水，但当抽水泵放至井内第一个平台（深约 3 m）时，由于第一个平台洞口与第二个平台洞口不对称，需要人员进入第一个平台挪动抽水泵位置以便其继续下放至第二个平台直至井底。

13:28，程××（未系挂安全绳）顺着井口爬梯下至第一个平台时，突然坠入井底。

13:29，刘××（未系挂安全绳）随即顺着井口爬梯下井施救，当其到达第二个平台时晕倒，倪××立即向李××（安全员）等拨打求救电话，旁观路人亦相继拨打"119"和"120"。

13:37，李××和易×（杂工）从项目部到达现场。在自然通风不足 30 min，也未进行机械通风、气体检测的情况下，李××戴上过滤式呼吸器盲目入井进行施救，倪××和易×则将安全绳拴在李××身上负责其下井。当李××到达第二个平台时也发生晕厥，倪××和易×立即向上提拉安全绳，但李××被第一个平台洞口挡住无法继续提升。本次事故最终造成程××、刘××、李××三人被困井内。

14:30，消防救援人员救出 2 人（李××、刘××）并送区人民医院抢救。

17:50，救出最后一名被困人员（程××）。3 人均因伤重经抢救无效于当日死亡。

（2）事故应急处置及善后情况。

事故发生后，该区人民政府立即启动应急救援预案，区应急局、区公安局、区住房城乡建委、区消防救援支队等相关部门立即赶赴事故现场开展应急救援和现场处置工作。同时成立一对一善后工作专班，全力做好死者善后工作。

2）事故造成的人员伤亡和直接经济损失

（1）人员伤亡情况。

程××，男，某建设工程有限公司普工。

刘××，男，某建设工程有限公司普工。

李××，男，某建设工程有限公司安全员。

（2）直接经济损失情况。

丧葬及善后赔偿费用：436万元。

3）事故现场勘查、检验鉴定概况

（1）现场勘查概况。

2022年3月20日，技术组专家及调查组有关人员对事故现场进行勘察，15#检查井进口直径70 cm，井内直径2 m，属于地下有限空间。打开井盖，15#检查井内部可见竖向爬梯和两层休息平台，局部可见积水反光。根据现场勘察和调查，事故发生时检查井内死者大致位置为井底1人、第二层平台上2人。井底死者1为普工程××，第二层平台上死者2为普工刘××、死者3为安全员李××。

（2）事故当日的气象概况。

根据区气象局提供资料，2022年3月19日8:00—20:00，天气为晴天，无降水，平均温度28.1℃，最大风速4.1 m/s。

（3）检验鉴定情况。

根据公安部物证鉴定中心出具的《检验报告》（公物证鉴字〔2022〕448号、449号、450号）：程××心血样本中硫化氢含量为0.448 μg/mL、李××心血样本中硫化氢含量为0.387 μg/mL、刘××心血样本中硫化氢含量为0.368 μg/mL。

4）事故发生的原因和事故性质

（1）直接原因。

15#检查井内存在有毒有害气体，下井人员进入井内作业和救援前未进行通风和气体检测，且救援人员未按规定佩戴隔离式呼吸保护器具是本次中毒事故的直接原因。

（2）间接原因。

① 施工单位未严格落实安全生产主体责任。

a. 有限空间作业长期违反现行国家标准《缺氧危险作业安全规程》（GB 8958）等相关安全管理要求。未督促从业人员严格执行通风、气体检测等必要程序。

b. 未严格监督从业人员规范佩戴使用劳动防护用品。现场管理人员未督促程××、刘××、李××严格按照现行国家标准《缺氧危险作业安全规程》（GB 8958）的要求，佩戴使用空气呼吸器或软管面具等隔离式呼吸保护器具。

c. 未对从业人员严格进行岗前安全教育培训。未对下井作业人员进行专业安全技术培训考核，未对下井作业人员人工急救技能进行培训考核。

d. 未组织全员开展生产安全事故应急演练。未组织作业人员进行应急预案培训，未组织全员开展有限空间作业类型的专项应急演练。

e. 项目重要安全管理人员未严格履职。项目经理、技术负责人未在项目进行日常管理。

② 监理单位未严格落实安全生产监理责任。

a. 对项目施工情况失察失管，未全面掌握施工单位的节点、进度和内容。监理单位主要依靠施工单位每日完工后的施工进度掌握作业情况，未能提前研判施工作业安全风险，特别是对井下抽水、开孔作业的状况，监理单位存在监理盲区。

b. 未采取技术管理措施消除事故隐患。未发现并消除程××、刘××长期有限空间作业无有效防护措施的事故隐患。

c. 未严格履行日常安全监理职责。未发现并纠正施工单位有限空间作业缺乏岗前安全教育培训、应急预案演练不规范、项目重要安全管理人员未严格履职等违规行为。

③ 建设单位未严格落实安全生产首要责任。

a. 对施工单位和监理单位的安全生产工作未进行统一协调管理。针对事故项目未严格落实"日、周、月"隐患排查整治工作，对施工单位违规开展有限空间作业的行为失察失管。

b. 未对项目全过程安全有效履职，现场监督整改不力。未发现并纠正施工单位有限空间作业缺乏岗前安全教育培训、应急预案演练不规范、项目重要安全管理人员未严格履职等违规行为。

5）事故性质

经事故调查组调查认定，该污水处理厂三期扩建工程厂外管网项目较大中毒事故是一起生产安全责任事故。

（二）有限空间作业典型事故案例分析

1. 缺氧窒息事故典型案例

案例一　"6·30"污水井缺氧窒息事故

1）事故经过

2017年6月30日，某劳务分包公司现场带班人员牛某带领4名工人到一河道排污口治理污水管线十三支工程项目部的55#井和56#井进行抹灰破管作业。早上6:30左右，5人到达施工现场，将55#井和56#井井盖打开通风。7:30左右，马某首先下井准备进行抹灰作业，约2 min后晕倒，随后3人先后下井施救，均晕倒在井下。现场带班人员牛某最后下井施救，下至约3 m时感到不适，随即爬上地面。牛某爬上地面后立即打电话给现场负责人和拨打"110"电话。现场负责人拨打"119""120"电话，同时电话报告了本公司和总公司项目部相关负责人。7:50左右，分包公司负责人及总包公司项目部相关负责人陆续到达现场。7:58，公安、消防部门接到报警，8:21左右，消防部门到达现场开展救援，8:34—8:57，公安、消防部门将井下晕倒的4人先后救出，经"120"医护人员现场确认4人均已无生命体征。

2）事故原因

（1）直接原因。

① 事发污水井井下缺氧，施工负责人违章指挥，现场作业人员违章作业、违规施救

是造成事故发生及事故扩大的直接原因。

② 经检测，事发污水井属于严重缺氧环境（井下最高氧含量为3.3%）。经专家组讨论认定，4名作业人员因井内环境缺氧，导致急性缺氧窒息死亡。

③ 经调查，现场带班人员牛某安排作业人员在未设置安全警示标识、未配备气体检测报警仪等作业防护设备、未配备呼吸防护用品等个体防护用品、未进行有限空间气体检测、未采取充分的通风换气措施、现场无有限空间作业监护人员监护情况下下井作业，致使下井作业人员发生缺氧性窒息；事故发生后，现场作业人员在未制定应急救援措施、未采取有效安全防护措施、未配备应急救援装备的情况下贸然下井施救，造成事故后果扩大。

（2）间接原因。

① 劳务分包公司未落实有限空间作业相关要求。该公司作为劳务分包单位，未为作业人员配备有限空间作业安全警示标识、防护设备及个体防护用品；未制定本单位的有限空间作业操作规程；未对作业人员进行安全教育培训，未向作业人员告知作业场所的危险因素、防范措施和事故应急措施；未督促作业人员按照"先检测后作业"的原则，对地下有限空间内有毒有害气体和氧含量进行检测；未按照项目部《较大危险因素生产经营场所危险作业管理制度》要求履行有限空间作业审批程序，擅自开展有限空间作业；未落实《有限空间安全生产责任制》，现场作业人员不具备有限空间作业监护资格；未落实《有限空间应急预案》，未针对有限空间作业开展应急演练。

② 总包公司项目管理混乱。总包公司十三支工程项目部未制定《检查井专项施工方案》和《有限空间作业专项安全施工方案》，未将检查井施工纳入有限空间作业进行管理；发现现场作业人员未按有限空间要求作业后，未督促劳务单位对施工现场存在的有限空间作业安全隐患进行整改，未督促劳务单位按照项目部《较大危险因素生产经营场所危险作业管理制度》的要求进行有限空间作业审批；项目部安全管理人员未按照项目部《安全技术交底制度》的要求对作业人员进行有限空间作业安全交底，伪造安全交底记录；对劳务单位作业人员安全教育培训不到位，考试流于形式。

总包公司对十三支工程项目部安全生产工作督促、检查不到位，未及时消除十三支工程项目部无《有限空间作业专项安全施工方案》、无《检查井专项施工方案》、培训教育不到位等事故隐患；备案项目经理、项目副经理、技术负责人长期未在岗履职，所有施工方案、技术交底等施工资料均为他人代签；项目部同时管理多个工程项目，项目管理人员、安全管理人员配备不足，与建设工程量不相匹配。

③ 监理单位未正确履行监理职责。监理单位项目部从未召开过监理例会；十三支工程项目部的监理规划、监理实施细则中没有有限空间作业安全监理内容；未对有限空间作业实施旁站监理；未检查落实作业人员有限空间作业持证情况；发现作业人员违规实施有限空间作业后，未下达书面监理指令并督促整改；未针对总包单位备案项目经理长期未到岗履职的问题下达监理指令。

④ 建设单位未落实对监理单位及开工手续备案的相关管理职责。政府水务部门作为十三支工程项目部的行业主管部门和监理单位的招标部门，对工程监督管理及监理单位监督检查不到位，未发现并消除监理单位未按照标准规定实施监理的问题。

3）事故防范措施

（1）总包公司应加强公司内部工程项目风险管控，杜绝出借资质和非法挂靠现象。加大安全投入，为工程项目配备足额安全管理人员，确保安全管理人员数量与建设工程量相匹配；坚决杜绝挪用员工资质证书投标、备案项目经理长期不到岗履职等违规行为。加大所属工程项目的安全生产现场检查力度和检查频次，完善工程项目专项施工方案及专项安全方案，及时发现并消除有限空间作业安全隐患；加强安全培训教育，督促项目部对作业人员开展安全技术交底并如实记录，督促项目部对劳务单位作业人员开展安全教育培训，保证从业人员掌握相关操作规程和安全操作技能；加强对劳务分包单位的管理，督促劳务分包单位按照相关管理制度和操作规程进行施工。

（2）监理单位应加强对项目监理部的监督检查，督促项目监理部实施有效监理；加强对项目监理部监理规划、监理实施细则的监督检查，完善各项安全监理内容；督促项目监理部检查落实特种作业人员持证情况；督促项目监理部对于检查发现的各项安全隐患及时下达书面监理指令并督促整改。

（3）政府水务部门应加强对相关水务工程监理单位的监督管理，督促监理单位按照相关规定要求正确履职。项目所在镇政府应加强对发包水务工程的管理，严格按照相关规定要求履行工程开工备案手续。

（4）总包公司上级单位应加强对下级生产经营单位的安全生产管理，督促所属企业认真汲取事故教训、切实落实安全生产主体责任，要求所属企业针对有限空间作业开展全面、深入的隐患排查治理，坚决杜绝非法挂靠、出借企业资质的违法行为。

案例二 "7·20"缺氧窒息事故

1）事故经过

2017年7月20日14:00左右，某测量工作分包单位负责人、安全员殷某与本单位配合人员杨某1、单某1和某施工单位单某2、刘某进入事发现场，组织施工测量放线，计划在井上测量、放线后，采取明挖的方式，将2/1#井与东侧2#主井管道连接；14:30左右，刘某安排完工作离开，殷某安排钩机将2/1#井的井盖打开；14:40左右，施工单位项目生产经理杨某2、安全员贾某到场，询问是否需要下井测量，殷某、杨某1表示不下井测量，杨某2要求不能下井测量，如下井必须通风，后杨某2、贾某离开；14:50左右，殷某、杨某1用卡尺和水平仪完成2/1#井测量工作，实际测量结果与图纸存在30 cm误差；14:55左右，殷某为精确放线，未听杨某1劝阻，携带卷尺，下至2/1#井内进行核实；14:56左右，杨某1呼喊殷某未回应，发现殷某倒在井内，杨某1准备下井查看，单某1让杨某1去拿救援绳，单某1跑回生活区叫人、取救援设备，随后单某1下井，杨某1呼喊单某1未回应后，立即电话通知了杨某2，后跑去库房取鼓风机；15:05左右，现场人员用鼓风机对井内持续强制送风，并拨打了"119"和"120"电话，先后将殷某、单某1从井内救出，并现场进行了心肺复苏急救。15:15左右，消防人员到达现场，向井内强制送风结束；15:22左右，"120"急救人员到达现场，经"120"急救人员抢救无效，确认殷某、单某1 2人死亡。

2）事故原因

（1）直接原因。

① 违规进入有限空间作业，致使作业人员缺氧窒息是造成此次事故的直接原因，事故发生后，盲目施救，导致事故伤亡扩大。

未按照有限空间地方标准的规定，在未经申报、审批的情况下，下井从事有限空间作业；进入有限空间作业前，未检测、通风，未正确佩戴和使用劳动防护用品，盲目下井作业、施救，致使 2 人缺氧窒息死亡。

② 事发 4 h 后，事故调查组会同施工单位对事故 2/1# 井内空气中有害物质进行了检测，检测后，将 2/1# 井恢复事故前原状。检测结果表明，井内空气中的硫化氢、一氧化碳、二氧化碳、甲烷浓度均未超过国家标准，但氧含量为 13.3%，低于最低允许值 19.5%。

③ 2017 年 7 月 27 日，委托某检测机构再次对 2/1# 井内氧含量及总挥发性有机物（TVOC）、可燃性气体、甲烷、硫化氢、一氧化碳的浓度进行了分析检测。检测结果表明，井内总挥发性有机物（TVOC）、硫化氢、可燃性气体、一氧化碳的浓度均符合国家标准相关要求；井底距井口 1 m 处氧含量为 20.9%；距井口 3.5 m 处与 2 m 处氧含量分别为 17.5% 和 18.1%，均低于最低允许值 19.5%。

（2）间接原因。

① 测量工作分包单位对测量放线人员教育培训不到位，未及时督促作业人员严格执行安全生产规章制度和操作规程；未书面告知作业人员危险岗位的操作规程和违章操作的危害。

② 施工单位对作业场所危险因素、操作规程和应急措施交底不到位；未定期组织有限空间作业应急演练，未有效组织开展本单位的应急预案、应急知识、自救互救和避险逃生技能的培训活动，使有关人员了解应急预案内容，熟悉应急职责、应急处置程序和措施。

③ 监理单位未按照法律、法规和工程建设强制性标准实施监理，其行为违反了《建设工程安全生产管理条例》第十四条第三款的规定。

3）事故防范措施

测量工作分包单位应加强对建设项目的安全管理，落实安全生产责任制，进一步完善测量作业方案和安全技术措施，加强对从业人员的教育培训，教育和督促从业人员严格执行本单位的安全生产规章制度和安全操作规程，如实告知从业人员工作岗位存在的危险因素、防范措施和应急措施，全面开展安全隐患治理，落实安全管理有关规定和防范措施。

2. 中毒事故典型案例

案例一　"10·17"竖窑一氧化碳中毒事故

1）事故经过

2006 年 10 月 17 日 9:40，某化工厂制灰车间主任王某 1 安排供煤除尘组副班长王某②派人到窑顶更换 1# 窑除尘喷水喷头。王某 2 随后安排除尘岗位维修工李某和刘某去进行更换作业，并由李某负责。10:30，刘某在得到李某上午不更换的信息后中午回家吃饭。10:40，李某自己到司窑室通知司窑岗位工朱某对1#窑停止供风，准备更换1#窑喷水喷头，朱某关闭风机停风后，李某一人上了窑顶进行喷水喷头更换作业。11:15，到了1#窑上料时间，接替朱某的张某发现李某还没有从窑顶下来，便到窑前广场去喊李某，未得到回应。张某立即跑到1#窑窑顶料盅前，发现李某面朝东，两手扶着料盅坐在料盅里。张某拽他没反应，也未能拽动，赶紧喊人施救，李某经抢救无效死亡。

2）事故原因

调查组经调查分析，查明了事故原因及性质。

（1）直接原因。

李某违反厂内"上窑顶作业必须2人以上，必须有人监护"的安全操作规程，一人上窑顶作业是造成事故的直接原因。

（2）间接原因。

作业现场安全管理不到位、检查不到位、规章制度落实不到位是事故发生的间接原因。

3）事故防范措施

（1）在全厂范围内进行一次安全大检查，对职工进行一次安全生产教育。

（2）召开中层以上干部和所有安全员参加的安全生产会，提高管理层人员的安全管理意识和责任意识。

（3）组织一次主题为"完善制度，学习规程，提高意识，消除隐患，杜绝事故"的安全生产活动，进一步提高职工的安全意识和自我保护意识。

案例二　"8·3"电力井一氧化碳中毒事故

1）事故经过

2007年8月3日，某机电设备安装公司维护组组长郭某带领工人陈某、卢某及司机齐某，乘车对西山变电站至闵庄的电缆线路进行巡视维护，12:00左右在维护闵庄路小屯桥东北角电力片时，因井底积水，维护人员将抽水泵和柴油发电机放置在电力井内平台上，进行抽水作业，其间郭某和齐某外出购买饮用水。约15:00，在作业现场的卢某、陈某发现发电机缺油，二人下井给发电机加油，因井内一氧化碳浓度过高，卢某昏倒并坠入井内水中，陈某昏倒在井内平台上。郭某和齐某买水回来后，发现了陈某倒在井内平台上，郭某在未采取任何安全防护措施的情况下贸然下井，用绳子系住陈某，让井上的齐某往井上拉，但齐某一人无法将其拉出井外，这时郭某也昏倒在井内平台上。15:08齐某拨打"110""120""119"电话求救。经"119"现场救援，将郭某和陈某救出并送医院。经"119"和供电公司救援队抽水打捞，于20:13将坠入井底水中的卢某打捞出井，经现场医务人员确认已经死亡，本次事故造成卢某、陈某死亡，郭某一氧化碳中毒。

2）事故原因

（1）直接原因。

① 作业人员违章作业。作业人员在作业过程中违反有关安全规定，在电力井内使用

柴油发电机，因井下空间狭小，氧含量较低，柴油燃烧不充分而释放出大量一氧化碳，经测量，事故发生时井下一氧化碳的浓度超过国家标准 11.46 倍，导致作业人员中毒。

② 作业人员安全意识淡薄，在危险环境中作业未采取安全防护措施。卢某、陈某在未对井下作业条件进行检测也没有穿戴个人防护用具的情况下冒险下井作业，郭某在下井进行施救时也未采取任何安全防护措施，导致事故发生并扩大。

（2）间接原因。

① 安全生产管理缺失。公司管理人员对安全操作规程不熟悉，对相关的工艺和流程不熟悉，缺乏相关的安全生产管理知识。未能教育和督促从业人员严格执行相关的安全生产规章制度和安全操作规程，未向从业人员如实告知作业场所和工作岗位存在的危险因素、防范措施以及事故应急救援措施。

② 个体防护用品管理和使用制度不落实，没有监督和教育从业人员进行作业时携带合适的呼吸防护用品，并正确佩戴和使用。

3）事故防范措施

（1）采取有效措施落实安全生产责任制和安全生产规章制度，加强安全生产管理，加强生产作业过程中对安全操作规程执行情况的检查与监督，消除作业现场安全管理的空白，杜绝违章作业情况的再次发生。

（2）加强职工的安全生产教育培训，增强其安全意识和自我保护意识．使从业人员了解掌握安全操作规程和规范的内容及要求，加强个人防护用品发放、使用情况的管理。在危险环境中作业必须有专人检查作业人员遵守安全操作规程和个体防护用品使用的情况，从源头消除事故隐患。

（3）深刻吸取事故教训，向辖区人民政府作出深刻检查，同时在本系统内开展深入的安全生产检查，消除存在的不安全因素，确保安全生产。

3. 爆炸事故典型案例

案例　"3·25"爆炸事故

1）事故经过

2010 年 3 月 25 日 15:10 左右，某水处理设备厂衬胶车间的喷砂工王某 1 进入位于衬胶车间中部的水处理设备罐内，对其内壁进行涂刷胶浆（其主要成分为 120# 溶剂油，专业名称为橡胶工业用溶剂油，其主要成分为脂肪烃类化合物，无色透明液体，有强烈的气味。闪点 6℃，为中闪点易燃液体，具有非常强的挥发性能，其蒸气与空气可形成爆炸性混合物，遇明火、高热极易燃烧爆炸）。作业所用的照明工具为普通的行灯。女衬胶工马某、王某 2、潘某、南某、曾某、邵某等人在衬胶车间南侧工作台边背对设备罐，进行下料工作（在胶片上刷胶浆），为下一步在设备罐内壁粘贴胶片做准备工作。衬胶车间内应有 120# 溶剂油 1 000 L 左右（含已制成胶浆的溶剂）。喷砂工叶某坐在同一工作台上面朝设备罐休息，所有现场人员均未穿着防静电工作服。15:47，在罐内作业的王某 1 喊了一声"为什么灯突然灭了！"叶某听见声音，刚要走到设备罐桩孔处观看情况，设备罐内发生爆燃，并引燃了附近的易燃物，喷射出的火焰将叶某、马某、王某 2、曾某 4 人烧伤，同时造成马某小腿骨折。叶某、潘某、南某、曾某、邵某等人迅速撤离了现场，马某、王某 2 也被工友救出。受伤的叶某、马某、王某 2、曾某被赶到现场的"120"送往医院进行治疗。事故发生几分钟后，有救援人员赶到事故现场，控制火情并展开救援，其间衬胶车间发生了二次爆炸，16:30，消防队员灭火后在南侧工作台下发现了罐内的王某 1，其右脚已经从身体分离，王某 1 被抬出后经现场医疗部门鉴定已死亡。

2）事故原因

（1）直接原因。

衬胶车间水处理设备罐内部的可燃气体累积，浓度达到爆炸极限，遭遇明火（电气火花或静电）产生爆燃爆炸，是此次事故的直接原因。

① 水处理设备罐内部没有良好的通风设施，造成可燃气体的积聚，浓度达到爆炸极限。

② 罐内刷胶浆作业时使用的行灯未满足爆炸危险场所的防爆要求（低压、防爆），在作业过程中极易产生电气火花（行灯电灯泡破损或铁制外罩与设备罐壁接触易产生火花）。

③ 作业人员王某 1 未穿戴符合国家标准或行业标准的防静电服，在作业过程中极易产生静电火花。

（2）间接原因。

① 该公司负责人及职工安全生产素质低，缺乏基本的安全生产常识，未能识别作业中存在的危险因素。

② 该公司在衬胶车间储存大量易燃易爆品，未能与生产场所隔离，造成爆炸事故的扩大。

③ 该公司衬胶车间使用的电气设备不符合防爆要求。

④ 该公司未向衬胶车间的员工提供符合国家标准或行业标准的劳动防护用品。

⑤ 该公司未对危险性较大的衬胶车间的员工进行有针对性的安全生产教育培训。

⑥ 该公司未针对衬胶车间加工工艺的实际情况制定有针对性的安全操作规程。未在有较大危险因素的生产经营场所、设施上悬挂明显的安全警示标识。

3）事故防范措施

（1）事故单位应吸取事故教训，立即停工整改，从技术上着手，改进生产工艺，同时严格落实国家有关危险化学品使用、储存和现场作业环境等法规标准的要求，完善安全生产规章制度，开展安全生产全面检查，举一反三，消除作业现场生产安全隐患，对职工开展有针对性的安全生产教育培训，切实提高员工安全生产能力、意识。整改完毕后，须向安全监管局提交整改报告，经检查合格后，方可复工生产。

（2）建议在全区所有类似企业易燃易爆作业现场加装气体监测仪器，严格控制生产场所易燃易爆、有毒、有害气体浓度，规范易燃易爆场所电气设备、设施及劳动防护用品的使用，防范类似事故再次发生。

（3）安全监管部门对全区类似企业立即开展专项整治，对违反安全生产法律法规的行为，坚决依法给予查处。同时，研究制定《××区危险化学品使用单位安全管理办法》，规范危险化学品使用单位的安全管理。

附录 A

有限空间作业主要事故隐患排查表

序号	项目	隐患内容	隐患分类
1	有限空间作业方案和作业审批	有限空间作业前，未制定作业方案或未经审批擅自作业	重大隐患
2	有限空间作业场所辨识和设置安全警示标志	未对有限空间作业场所进行辨识并设置明显安全警示标志	重大隐患
3	有限空间管理台账	未建立有限空间管理台账并及时更新	一般隐患
4	有限空间作业气体检测	有限空间作业前及作业过程中未进行有效的气体检测或监测	一般隐患
5	劳动防护用品配置和使用	未根据有限空间存在危险有害因素的种类和危害程度，为从业人员配备符合国家或行业标准的劳动防护用品，并督促其正确使用	一般隐患
6	有限空间作业安全监护	有限空间作业现场未设置专人进行有效监护	一般隐患
7	有限空间作业安全管理制度和安全操作规程	未根据本单位实际情况建立有限空间作业安全管理制度和安全操作规程，或制度、规程照搬照抄，与实际不符	一般隐患
8	有限空间作业安全专项培训	未对从事有限空间作业的相关人员进行安全专项培训，或培训内容不符合要求	一般隐患
9	有限空间作业事故应急救援预案和演练	未根据本单位有限空间作业的特点，制定事故应急预案，或未按要求组织应急演练	一般隐患
10	有限空间作业承发包安全管理	有限空间作业承包单位不具备有限空间作业安全生产条件，发包单位未与承包单位签订安全生产管理协议或未在承包合同中明确各自的安全生产职责，发包单位未对承包单位作业进行审批，发包单位未对承包单位的安全生产工作定期进行安全检查	一般隐患

附录 B

有限空间作业安全风险防控确认表

序号	确认内容	确认结果	确认人
1	是否制定作业方案，作业方案是否经本单位相关人员审核和批准		
2	是否明确现场负责人、监护人员和作业人员及其安全职责		
3	作业现场是否有作业审批表，审批项目是否齐全，是否经审批负责人签字同意		
4	作业安全防护设备、个体防护用品和应急救援装备是否齐全、有效		
5	作业前是否进行安全交底，交底内容是否全面，交底人员及被交底人员是否签字确认		
6	作业现场是否设置围挡设施，是否设置符合要求的安全警示标志或安全告知牌		
7	是否安全开启进出口，进行自然通风		
8	作业前是否根据环境危害情况采取隔离、清除、置换等合理的工程控制措施		
9	作业前是否使用泵吸式气体检测报警仪对有限空间进行气体检测，检测结果是否符合作业安全要求		
10	气体检测不合格的，是否采取强制通风		
11	强制通风后是否再次进行气体检测；进入有限空间作业前，气体浓度是否符合安全要求		
12	作业人员是否正确佩戴个体防护用品和使用安全防护设备		
13	作业人员是否经现场负责人许可后进入作业		
14	作业期间是否实时监测作业面气体浓度		
15	作业期间是否持续进行强制通风		
16	作业期间，监护人员是否全程监护		
17	出现异常情况是否及时采取妥善的应对措施		
18	作业结束后是否恢复现场并安全撤离		

附录 C

安全防护设备设施配置一览表

设备设施类别及要求		作业		
		初始评估检测为 1 级或 2 级，再次评估检测为 2 级	初始评估检测为 1 级或 2 级，再次评估检测为 3 级	初始评估检测为 3 级
安全警示设施	配置状态	●	●	●
	配置要求	有限空间出入口周边应配置：①1 套围挡设施；②1 个具有双向警示功能或 2 个具有单向警示功能的安全告知牌	有限空间出入口周边应配置：①1 套围挡设施；②1 个具有双向警示功能或 2 个具有单向警示功能的安全告知牌	有限空间出入口周边应配置：①1 套围挡设施；②1 个具有双向警示功能或 2 个具有单向警示功能的安全告知牌
气体检测报警仪	配置状态	●	●	●
	配置要求	①作业前，每名作业者进入有限空间的入口应配置 1 台泵吸式气体检测报警仪。②作业中，每个作业面应至少有 1 名作业者配置 1 台气体检测报警仪，监护者应配置 1 台泵吸式气体检测报警仪	①作业前，每名作业者进入有限空间的入口应配置 1 台泵吸式气体检测报警仪。②作业中，每个作业面应至少配置 1 台气体检测报警仪	①作业前，每名作业者进入有限空间的入口应配置 1 台泵吸式气体检测报警仪。②作业中，每个作业面应至少配置 1 台气体检测报警仪
通风设备	配置状态	●	●	○
	配置要求	应配置 1 台强制送风设备	应配置 1 台强制送风设备	宜配置 1 台强制送风设备
照明灯具	配置状态	▲	▲	▲
	配置要求	有限空间内照度不足时，每名作业者应配置 1 台照明灯具	有限空间内照度不足时，每名作业者应配置 1 台照明灯具	有限空间内照度不足时，每名作业者应配置 1 台照明灯具
通信设备	配置状态	○	○	○
	配置要求	每名作业者和监护者宜各配置 1 台对讲机	每名作业者和监护者宜各配置 1 台对讲机	每名作业者和监护者宜各配置 1 台对讲机

续表

设备设施类别及要求		作业		
		初始评估检测为 1 级或 2 级，再次评估检测为 2 级	初始评估检测为 1 级或 2 级，再次评估检测为 3 级	初始评估检测为 3 级
呼吸防护用品	配置状态	●	●	○
	配置要求	每名作业者应配置 1 套正压式隔绝式呼吸防护用品	每名作业者应配置 1 套正压式隔绝式呼吸防护用品	每名作业者应配置 1 套正压式隔绝式呼吸防护用品
安全带	配置状态	●	●	●
	配置要求	每名作业者应配置 1 条全身式安全带	每名作业者应配置 1 条全身式安全带	每名作业者应配置 1 条全身式安全带
速差自控器	配置状态	○	○	○
	配置要求	每个进出口处宜配置 1 个速差自控器	每个进出口处宜配置 1 个速差自控器	每个进出口处宜配置 1 个速差自控器
安全绳	配置状态	▲	▲	▲
	配置要求	作业者活动区域与有限空间出入口间无障碍物的，每名作业者应配置 1 条安全绳	作业者活动区域与有限空间出入口间无障碍物的，每名作业者应配置 1 条安全绳	作业者活动区域与有限空间出入口间无障碍物的，每名作业者应配置 1 条安全绳
安全帽	配置状态	●	●	●
	配置要求	每名作业者应配置 1 个安全帽	每名作业者应配置 1 个安全帽	每名作业者应配置 1 个安全帽
三脚架	配置状态	○	○	○
	配置要求	每个有限空间出入口宜配置 1 套三脚架（含绞盘）	每个有限空间出入口宜配置 1 套三脚架（含绞盘）	每个有限空间出入口宜配置 1 套三脚架（含绞盘）

注：1. 配置状态中●表示应配置；▲表示一定条件下应配置；○表示宜配置。

2. 本表所列防护设备设施的种类和数量是最低配置要求。

附录 D

应急救援设备设施配置一览表

设备设施类别及要求		地下有限空间	地上有限空间	密闭空间
安全警示设施	配置状态	●	●	●
	配置要求	应配置1套围挡设施	应配置1套围挡设施	应配置1套围挡设施
气体检测报警仪	配置状态	●	●	●
	配置要求	应配置1台泵吸式气体检测报警仪	应配置1台泵吸式气体检测报警仪	应配置1台泵吸式气体检测报警仪
通风设备	配置状态	●	●	●
	配置要求	应至少配置1台强制送风设备	应至少配置1台强制送风设备	应至少配置1台强制送风设备
照明灯具	配置状态	●	●	●
	配置要求	每名救援人员应配置1台照明灯具	每名救援人员应配置1台照明灯具	每名救援人员应配置1台照明灯具
通信设备	配置状态	●	●	●
	配置要求	每名救援人员应配置1台对讲机	每名救援人员应配置1台对讲机	每名救援人员应配置1台对讲机
呼吸防护用品	配置状态	●	●	●
	配置要求	每名救援者应配置1套正压式空气呼吸器或高压送风式呼吸器	每名救援者应配置1套正压式空气呼吸器或高压送风式呼吸器	每名救援者应配置1套正压式空气呼吸器或高压送风式呼吸器
安全帽	配置状态	●	●	●
	配置要求	每名救援者应配置1个安全帽	每名救援者应配置1个安全帽	每名救援者应配置1个安全帽
安全带	配置状态	●	●	●
	配置要求	每名救援者应配置1条全身式安全带	每名救援者应配置1条全身式安全带	每名救援者应配置1条全身式安全带
安全绳	配置状态	●	●	●
	配置要求	每名救援者应配置1条安全绳	每名救援者应配置1条安全绳	每名救援者应配置1条安全绳

续表

设备设施类别及要求		地下有限空间	地上有限空间	密闭空间
速差自控器	配置状态	○	○	○
	配置要求	每个进出口处宜配置1个速差自控器	每个进出口处宜配置1个速差自控器	每个进出口处宜配置1个速差自控器
三脚架	配置状态	●	▲	▲
	配置要求	有限空间出入口应配置1套三脚架（含绞盘）	有限空间出入口应配置1套三脚架（含绞盘）	有限空间出入口应配置1套三脚架（含绞盘）

注：1. 配置状态中●表示应配置；▲表示一定条件下应配置；○表示宜配置。

2. 本表所列应急救援设备设施的种类和数量是最低配置要求。

3. 发生有限空间作业事故后，作业配置的安全防护设备设施符合应急救援设备设施配置要求时，可作为应急救援设备设施使用。

附件一　国家相关法律法规

附件二　地方相关法律法规

附件三　《缺氧危险作业安全规程》
（GB 8958）

附件四　《密闭空间作业职业危害防护规范》
（GBZ/T 205）

附件五　《城镇排水管道维护安全技术规程》（CJJ 6）